U0347244

新　逻　辑　丛　书

思想实验

升级认知的
50个心智程序

丛书主编　阳志平

李万中　著

机械工业出版社

CHINA MACHINE PRESS

思想实验就是以想象的形式，在头脑中进行的虚拟实验。思想实验是一种帮助我们浏览甚至改写自己脑中概念框架的工具。它可以用来纠正我们的认知偏差，也可以用来帮助我们编写更好的心智程序。思想实验的核心句式，就是"如果这样，那么会怎样"。本书的主要目标，就是帮助读者掌握这个核心句式，学会设计思想实验。为了达成这个目标，书中介绍了心理学家、哲学家、科学家、小说家等各个领域的杰出人士设计的50个思想实验，涵盖关于思考方法，道德与善恶，审美与决策，社会与正义，逻辑、概率与知识，科学与世界，以及人类的心智与行为的思想实验。本书可以帮助读者通过想象有趣的场景，反思自己固有思维中的局限性，从而更加了解自己、了解世界。

图书在版编目（CIP）数据

思想实验：升级认知的 50 个心智程序 / 李万中著 . —北京：机械工业出版社，2023.5
（新逻辑丛书 / 阳志平主编）
ISBN 978-7-111-72981-5

I. ①思… II. ①李… III. ①逻辑思维 IV. ① B804.1

中国国家版本馆 CIP 数据核字（2023）第 063336 号

机械工业出版社（北京市西城区百万庄大街 22 号　邮政编码：100037）
策划编辑：向睿洋　　　　　　　责任编辑：向睿洋
责任校对：韩佳欣　　张　薇　　责任印制：李　昂
河北宝昌佳彩印刷有限公司印刷
2023 年 7 月第 1 版第 1 次印刷
147mm × 210mm · 11.75 印张 · 1 插页 · 252 千字
标准书号：ISBN 978-7-111-72981-5
定价：69.00 元

电话服务　　　　　　　　　网络服务
客服电话：010-88361066　机 工 官 网：www.cmpbook.com
　　　　　010-88379833　机 工 官 博：weibo.com/cmp1952
　　　　　010-68326294　金 书 网：www.golden-book.com
封底无防伪标均为盗版　机工教育服务网：www.cmpedu.com

逻辑学：一切法之法，一切学之学

有一些学科，人人都离不开它，但对它的最新发展却一无所知。这样的学科，最有代表性的莫过于逻辑学。

什么是逻辑学？词典给出的定义是研究思维规律的科学。然而，现代科学诞生之后，认知科学、神经科学与心理科学，显然也是研究思维规律的科学。这么看来，这种定义难以帮助我们精确地理解逻辑学的本质。

我们不妨回到逻辑学诞生的源头——世界三大逻辑学传统：中国先秦以《公孙龙子·名实论》《墨经·小取》和《荀子·正名》为代表的名辩学；古印度以陈那所著的《因明正理门论》和《集量论》、法称所著的《因明七论》为代表的因明学；古希腊以亚里士多德所著的《工具论》为代表的逻辑学。

这三大逻辑学源头的共同特征是什么呢？那就是研究名实之辩。所谓名，名词、概念，也就是思维的语言外显化，比如对事物的命名、分类；所谓实，实质、实际，也就是实际存在的事物。

一百多年前，严复翻译英国逻辑学家约翰·斯图亚特·穆勒的《逻辑体系》一书时，将其书名译作《穆勒名学》。他格外喜欢此书："此书一出，其力能使中国旧理什九尽废，而人心得所用力之端；故虽劳苦，而愈译愈形得意。"（《与张元济书·十二》）蔡元培在《五十年来中国之哲学》中亦认为："严氏于《天演论》外，最注意的是名学。……严氏觉得名学是革新中国学术最要的关键。"

同样，严复将逻辑学家威廉·史坦利·耶方斯的著作《逻辑初级读本》书名译作《名学浅说》。为什么严复使用"名学"而非"逻辑学"一词呢？他说道："逻辑此翻名学。……是学为一切法之法，一切学之学；……曰探，曰辨，皆不足与本学之深广相副。必求其近，故以名学译之。盖中文惟'名'所涵，其奥衍精博与逻各斯字差相若，而学问思辨皆所以求诚、正名之事，不得舍其全而用其偏也。"

显然，严复清晰地意识到了逻辑学的本质：一切法之法，一切学之学。如何以名举实？如何从实推名？这才是逻辑学与其他学科的根本差异。使用"逻辑"一词在精确广博上并不恰当，因此，他舍"逻辑"而用"名学"。

名实之辩

逻辑学凭什么可以成为"一切法之法，一切学之学"？

答案需要回到名实之辩。名与实构成了人类理解世界的两大基本脉络。

宇宙、天文、山川、地理，是宇宙学、天文学、地理学关心的"实"；物质规律、能源材料、生物奥秘，是物理学、化学、生物学关心的"实"；社会交换、经济交易、政治博弈，是社会学、经济学、政治学关心的"实"。而人性，既有以认知科学、神经科学、心理学为代表的脉络，也有以文学、艺术为代表的脉络，还有以语言学为代表的脉络。这些脉络从不同角度，关心人性不同侧面的"实"。

如果说科学更侧重对万物万事分而治之，那么逻辑学更关心不同事物之间共享的名实转换法则。

今天社会大众习得的逻辑学观念，都建立在演绎逻辑与归纳逻辑两者的基础之上。前者以亚里士多德《工具论》中提出的三段论为代表，源自用"名"推演"实"的脉络。后者以培根《新工具》中提出的归纳法为代表，源自从"实"中抽象"名"的脉络。

莱布尼茨曾经感叹："三段论是人类心智最美妙也是最为重要的结晶之一。"

大前提：人都有一死。

小前提：苏格拉底是人。

结论：苏格拉底也会死。

这是最广为人知的逻辑学知识，似乎每个人都能对大前提、小前提与结论说上一两句。

然而，一个延续数千年的知识体系会这么简单吗？并不会。

知识体系作为一种"名"，同样受制于"实"的发展，逻辑学亦不例外。在世界三大逻辑学诞生早期,无论是中国的先秦百家,还是古印度的因明学者,抑或古希腊的思想家,需要处理的科学类知识都很有限。而今天,《中华人民共和国国家标准学科分类与代码》将学科分类定义到一、二、三级,共设 62 个一级学科或学科群,有数学、信息科学与系统科学、力学、物理学、化学、天文学,等等;676 个二级学科或学科群;2382 个三级学科。

21 世纪的"实",远远超过逻辑学诞生之初人们的想象。因此,你需要掌握 21 世纪逻辑学的新发展,才能更好地理解世界的名实之辩。

21 世纪逻辑学新发展

21 世纪逻辑学的新发展,有三个重要方向。

符号逻辑与数理逻辑

康德曾经指出:虽然逻辑学是哲学中少有的延续数千年的分支,然而,自从亚里士多德时代以来,逻辑学研究没有实质性进展。亚里士多德的逻辑学思想建构在他的"经典范畴论"的基础之上。亚里士多德的范畴论有几个基本假设:

第一,范畴由充分、必要特征联合定义,比如,成为人们心目中的"胖子"要符合很多条件,当张三满足这些充分和必要条件时,大家就会同意他是一个胖子。

第二，特征是二分的。张三要么胖，要么不胖。

第三，同一范畴内的所有成员地位相等。在"胖子"这个范畴下，"张胖子"和"李胖子"的地位是相等的。

第四，范畴之间的界限是固定的。大家能意识到，"胖子"和"非胖子"之间有着清晰的边界。

任何"实"的"名"都是可以分类的，而每个分类都是二分的，要么是，要么不是。这种思想在古希腊时代，面对少数"实"，高效而优雅。但是在 21 世纪的今天，任何一个学科都从该学科共享的少数共识中，推论出无穷无尽的新知识。比如，力学领域离不开牛顿三定律，热力学领域离不开热力学三定律，生物学领域离不开达尔文进化论，但这些领域的复杂程度已超出你的认知范围。

如今，我们无法再简简单单地使用"大前提""小前提""结论"三个术语来把握所有学科的"实"。

此时，我们需要一套新的逻辑学体系。先是乔治·布尔（1815—1864）的逻辑代数和奥古斯都·德·摩根（1806—1871）的关系逻辑，它们针对古典逻辑学开了第一枪，前者见于布尔 1847 年出版的《逻辑的数学分析》、1854 年出版的《思维规律的研究》；后者见于德·摩根 1847 年出版的《形式逻辑》。

而符号逻辑的集大成者，是查尔斯·桑德斯·皮尔士（1839—1914）。在《符号逻辑概述》一书中，皮尔士将我们的视线拉回逻辑学的关键：名与实，也就是符号、思维、物质——构成宇宙的三大基础。这就是符号学的源头之一。

与此同时，一些逻辑学家受近代数学发展启发，尝试在逻辑学中引进数学方法，模拟数学运算来处理思维运算，从而诞生了"数理逻辑"。其中，第一代代表人物是弗里德里希·弗雷格（1848—1925）和阿尔弗雷德·塔斯基（1901—1983），他们的重要论文分别是《概念文字：一种模仿算术语言构造的纯思维的形式语言》和《形式化语言中的真理概念》。之后，格奥尔格·康托尔（1845—1918）、库尔特·哥德尔（1906—1978）、保罗·寇恩（1934—2007）、萨哈让·谢拉赫（Saharon Shelah，1945— ）纷纷登场。一句话来概括数理逻辑：它是数学应用于数学本身。

身处 21 世纪前沿领域的知识工作者会发现，越来越多的前沿研究话题，都可以从符号逻辑与数理逻辑中受益。例如，以我所专研的认知科学、神经科学与心理科学为例，在计算认知科学、计算神经科学、数学心理学这些领域中，越来越绕不过探讨符号表征、哥德尔定理、可计算性理论、ZFC 公理、集合论这些前沿知识。

非形式逻辑

维特根斯坦在《哲学研究》中，对亚里士多德的经典范畴论发起了冲击。以"游戏"为例，有的游戏仅仅旨在娱乐，有的游戏则旨在竞争；有的游戏需要技巧，有的游戏需要运气……某些特征并不是所有游戏都共有的，但是，这些游戏的各种相似点交织，形成了你对"游戏"的认识，从而构成了家族、网络。维特根斯坦把这种现象称为"家族相似性"。

认知心理学家埃莉诺·罗施（Eleanor Rosch，1938— ）发现几乎自然界中的所有"名"都具备"家族相似性"。当你理解一个概念，比如"什么是游戏"或"什么是植物"时，其实你也建立了这个概念的原型。比如提起"鸟"，你首先会想起什么？人们往往不会第一时间将企鹅、鸵鸟归到"鸟"这一范畴，因为它们不典型；要说"鸟"的范畴原型，人们会更多想到麻雀、燕子。这是因为人们心目中鸟的特征几乎都基于麻雀和燕子来构建，它们是更能代表鸟的样本。麻雀、燕子就是"鸟"这一概念的最佳实例。

沿着这些研究脉络，维特根斯坦的学生斯蒂芬·图尔敏（Stephen Toulmin，1922—2009）率先提出了非形式逻辑（informal logic）。非形式逻辑泛指能够用于分析、评估和改进出现于人际交流、政治辩论以及报纸、电视等大众媒体之中的非形式推理和论证的逻辑理论。

非形式逻辑的代表人物还包括查姆·佩雷尔曼（Chaïm Perelman，1912—1984，代表作：《新修辞学》）与查尔斯·汉布林（Charles Hamblin，1922—1985，代表作：《谬误》）等人。

21 世纪逻辑学最大的进展之一就是非形式逻辑的发展。如果说形式逻辑像几何学，追求绝对真理，那么非形式逻辑就像法学，类似法官判例，并不存在绝对真理。

认知逻辑与语言逻辑

21 世纪逻辑学的新发展，还有个显著的特点，就是跨学科融

X

合的趋势越来越明显。其中，最典型的莫过于逻辑学与认知科学联合之后诞生的认知逻辑学，以及逻辑学与语言学联合之后诞生的语言逻辑学。

先说认知逻辑。试看一个例子。

前提1：所有的生物都需要水。

前提2：玫瑰需要水。

因此，玫瑰是生物。

很多人会认为"玫瑰是生物"这个结论是对的，事实上，这个结论确实是对的，不过其推理过程是完全错误的。这就是认知科学历史上著名的"玫瑰三段论"。很多心灵鸡汤写手也在用同样的技巧忽悠人，用结论看似正确但推理过程错误的论证来影响你。

我们一旦转换内容，就不难发现这里面的逻辑错误：

前提1：所有的昆虫都需要氧气。

前提2：老鼠需要氧气。

因此，老鼠是昆虫。

通过上面的案例我们可以发现，这两个推论的论证结构是一模一样的，但是绝大部分人会被第一个三段论所蒙蔽。这就是认知科学给我们的一个重要启发：人在论证过程中会被具体内容干扰，而非如古典经济学家们所言，是"生而理性"的。

像"玫瑰三段论"这样的谬误来自人类漫长的进化过程，绝大部分人会下意识地中招；此外，后天的社会文化也会影响我们的论证能力：你可能因为不懂得某一类知识而对人性做出误判，比如，可参见查理·芒格整理的人类误判心理学清单。

再看语言逻辑。假设你是一位男士，想要追求一位女士，你告诉她：我很上进有为，好姑娘应该嫁给上进有为的男人，我们的未来会很美好，所以你应该嫁给我。这是一种"直男式"的语言表达。

其实，你还可以用"故事式"的表达方式告诉她：从前我很快乐，但是自从见到了你，我就时时因思念你而没那么快乐了。你还可以用"诗歌式"的方法告诉她：

我在一个北方的寂寞的上午

一个北方的上午

思念着一个人

——海子《跳伞塔》

显然，不同的语言表达会影响逻辑的说服力。这些议题都是语言逻辑关心的话题。

当然，逻辑学的发展并不仅仅局限在上述方向的突破。只是，符号逻辑与数理逻辑、非形式逻辑、认知逻辑与语言逻辑，这些方向与每个人的日常生活更加息息相关。

信息时代的新逻辑

2015 年，我创办了促进知识工作者人生发展的开智学堂。

"开智"一词，正是源自严复。严复曾在 1895 年写道："鼓民力，开民智，新民德。民智强，则国家强；民智弱，则民族亡。"

同样，在严复的影响下，我把逻辑学放在了与信息学、心理学和决策学同等重要的位置上。在我创设的知识体系中，它们作为信息时代的关键能力，并称为"四大分析"——信息分析、行为分析、论证分析与决策分析。

7 年时间过去，开智学堂师生在人生发展与四大分析上，积累了众多知识产出。而我担任主编的"新逻辑丛书"，聚焦逻辑学领域。"新逻辑丛书"新在哪些地方？

- **新理论**：正如严复一百多年前翻译西方逻辑学经典名著。前述逻辑学最新进展，不少著作尚不为国内读者所了解。因此，"新逻辑丛书"将重点引进西方逻辑学新近的名著，同时邀请国内各个分支领域的逻辑学专家，予以精彩原创呈现。

- **新趣味**：逻辑学听起来往往让人生畏。其实，逻辑学是一个极其有趣的学科。因此，"新逻辑丛书"广泛地采取新的形式，比如图解、故事、对话等，来帮助读者快速掌握逻辑学知识。

- **新价值**：逻辑学的应用无处不在，一些新的软件、编程语言、创意工具的发明，可以极大地扩展逻辑学的价值。为此，"新逻辑丛书"专门编撰了一些能够给读者带来新价值的内容。

希望"新逻辑丛书"能够帮助你更好地掌握 21 世纪逻辑学

的新进展，明辨是非，独立思考，从而迎来更好的人生发展。是为序。

阳志平

开智学堂联合创始人

"心智工具箱"公众号作者

　　父亲开车带着儿子，出了严重车祸，父亲当场死亡，儿子被送到医院抢救。负责手术的外科医生看到手术台上的人之后，惊呼："他是我的儿子！我没法给他做手术。"

　　上述场景，是不是看起来有点儿不对劲？

　　许多人会说，父亲不是在发生车祸时就死亡了吗？怎么又复活了？还变成了做手术的外科医生？是不是外科医生认错人了？伤者只是长得很像他儿子？

　　一些人想了想，才意识到，原来那个外科医生是女性，她是那个孩子的母亲。

　　这个小故事就是一个思想实验。思想实验，就是以想象的形式，在头脑中进行的虚拟实验。哲学家、认知科学家丹尼尔·丹尼特将这种虚拟实验称作直觉泵。思想实验就像是水泵，能泵出人们对于各种情景的下意识的直觉反应。

　　这种直觉反应，来自人们头脑中的"信念系统"或"概念框架"。

每个人的头脑中都有一套概念框架。如果把人脑比作电脑，那么神经元网络就是硬件部分，而"概念框架"则对应于软件部分中的操作系统。它是最基础的软件，是安装其他思维软件的必要前提。

在操作系统中，大部分文件都是隐藏的。只有具备系统管理员权限，才能浏览和编辑隐藏文件。大部分人在使用头脑中的思维操作系统时，不会去浏览或者编辑组成操作系统的文件。除非当思维操作系统出现故障时，人们才会想办法去排除故障。

在这个外科医生的例子中，许多人会发现思维操作系统出现了故障，可短时间内似乎搞不清楚是什么地方出了问题。经过一段时间的"调试"（debug）之后，才发现，原来是"外科医生的性别默认值"这个"隐藏文件"出了问题。只要把"外科医生的性别默认值：男性"改写成"外科医生的性别默认值：无"就不会出问题了。

从这个例子可以发现，**思想实验是一种帮助我们浏览甚至改写自己脑中概念框架的工具**。它可以用来调试，也可以用来帮助我们编写更好的心智程序。比如，物理学家伽利略就曾用思想实验来改变我们对世界的理解。

在伽利略生活的时代，人们的世界观普遍继承了亚里士多德的理论，其中有一个是"体积相等的两个物体，重的物体比轻的物体下落得更快"。比如，同样体积的两个球，一个木球，一个石球，如果从同一高度落下，那么石球会先落地。

传说伽利略在意大利的比萨斜塔上真的进行了这样一个实

验，结果发现两个球同时落地，如此也就说明了亚里士多德的物理学理论是不完善的。实际上，伽利略并没有真的去做实验，而是在头脑中进行了思想实验。他将思想实验写了下来，大意如下：

将一个木球和石球，用重量几乎可以忽略的绳子绑在一起，然后让其从高处落下。那么，这个"双球联合体"的下落速度，会比石球更快还是更慢呢？

如果重的物体比轻的物体下落得更快，而双球联合体的重量显然比单纯的石球更重，那么双球联合体的下落速度会更快。其中，双球联合体中的木球会比石球下落得慢。因此，当一个速度更快的东西和速度更慢的东西绑在一起时，由于慢的东西会拖慢快的东西，即木球会拖慢石球，就会导致双球联合体的下落速度比单独的石球要慢。

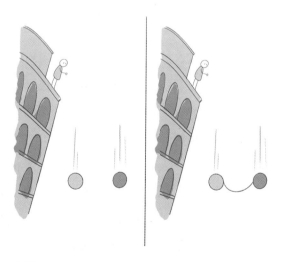

这意味着，如果重的物体比轻的物体下落得更快，那么我们

可以合理地推论出，双球联合体比单独的石球下落得既更快又更慢。这是一个矛盾的结果。

根据归谬法，包含矛盾或者能推出矛盾的理论，必然是错误的。既然"重的物体比轻的物体下落得更快"这个理论能推理出矛盾的结果，那就说明这个理论一定是错误的。

虽然实际去做实验，也能得出木球和石球同时落地的结果，但伽利略并不需要去做实验。他仅仅凭借头脑中的思想实验，仅仅依靠自己的知识、想象力和推理能力，就发现了亚里士多德物理学中的漏洞（bug）。所以，许多人将伽利略誉为"近代科学之父"或者"科学方法之父"。

每一个聪明人都会设计思想实验。实际上，每一位小说家都在设计思想实验，他们会在脑海中想象一些情景，然后再设想，如果那种情况发生了，那么接下来会发生什么事？

比如，奇幻小说《哈利·波特》就假定，如果有一个小孩去魔法学校上学，那么会发生什么事情。科幻小说《高堡奇人》则假定，如果第二次世界大战是轴心国战胜了同盟国，那么会发生什么事情。

我们在日常生活中也经常使用思想实验来帮助我们做出决策。比如下述假定：如果我今晚通宵打游戏而不是复习考试，那么我明天在考场上会有什么样的表现？如果我送给她的是书而不是花，那么她会答应和我交往吗？如果这个项目是和这个人合作，而不是和另一个人合作，那项目会不会大获成功？

因此，思想实验的核心句式就是"如果这样，那么会怎样"。

本书最主要的目标，就是帮助大家掌握这个核心句式，学会设计思想实验。为了达到这个目标，我会向大家介绍哲学家、科学家、小说家等各个领域的杰出人士设计的许多思想实验。

市面上也有一些介绍思想实验的书，不过那些书主要侧重于介绍经典的思想实验，而本书的目标则是帮助读者学会设计思想实验。我们可以把那些书类比成"电影鉴赏课"，课上会放映许许多多的经典电影，让人眼花缭乱、应接不暇。这本书则更像是"导演培训班"，虽然也会放映许多经典电影，但重点在于帮助大家学会自己拍电影，而不仅仅是赏析别人拍的电影。

"授人以鱼，不如授人以渔"，方法往往比案例更重要。当你掌握设计并操作思想实验的方法后，你就能用这套方法去分析别人或自己的思想实验。你还能区分出好的思想实验和差的思想实验，避免被差的思想实验所误导。同时，你也有能力优化差的思想实验，将其变得更好。

好的思想实验，将帮助我们形成好的思维操作系统。有了更好的思维操作系统，也就有了更好的直觉泵，之后我们就能泵出更好的直觉。

曾经，人们直觉性地认为，地球是与众不同的，日月星辰都在绕着地球转。现在，人们直觉性地认为，地球只是一颗绕着太阳公转的普通行星。

曾经，人们直觉性地认为，女性是不如男性的，女性是男性的附属品，是男人的财产。现在，人们直觉性地认为，女性和男性是平等的，许多时候人际差异要大于群际差异。

曾经，人们直觉性地认为，王公贵族有着高贵的血统，宗教领袖能传达神的旨意，专家教授能做出专业的判断，互联网上的意见领袖能替我们做出正确的选择。在读完这本书，优化了自己脑中的思维操作系统后，希望你能直觉性地认为，你自己就能做出最合理的判断。

接下来，就让我们踏上这段思考的旅途，欣赏各种思想实验的魅力吧。

[本书使用建议]
TIPS FOR USING THIS BOOK

本书像是一本超短篇小说集，可以随时翻阅。如果你在阅读时遇到了分割点，请暂停一下，不要立即阅读后面的文字。

●●●

想一想，我为什么希望你暂停阅读？

●●●

虽然暂停会中断你的阅读过程，产生些许不快，但这是值得的。锻炼肌肉的过程并不是轻松愉快的，锻炼思考能力的过程也不是。如果你先思索一番，再看分割点后面的文字，就会取得更好的思维训练效果。

如果你不停下来思考，而是一股脑儿地读下去，那么你可能误把"流畅"当成了"简单"，误把"熟悉"当成了"掌握"。

每一节的末尾有几道思考题，它们或易或难。请不要忽视它们。如果你一时想不清楚答案，也可以用这些题目"考一考"别人，从别人的回答中获得灵感。

本书的关键词是论证，当你看到文中的论证时，请思考这些问题：

（1）我觉得论证过程是合理的吗？我觉得哪个理由不可接受？

（2）我为什么觉得它不可接受？它违背了哪些我已经坚持的信念？

（3）有没有可能修改一下那个论证，补充一些别的理由，使那个论证变得可以让我接受？

（4）有没有可能是我搞错了，它其实可以接受，但我脑中已有的一些错误信念让我误以为它不可接受？

当你遇到感兴趣的概念，或者遇到阻碍时，都可以打开手机或电脑，搜索相应的关键词，查找更多资料。虽然本书的内容不会再凭空增加，但互联网上的信息会时刻更新。我也经常上网，与大家分享自己的思考过程和结果。也许，我们会在某处不期而遇。

本书的附录中列出了一些推荐图书，你可以把它们当作梯子，爬上巨人的肩膀，看到更远处的风景。

现在，我要感谢你的耐心。你没有跳过"本书使用建议"，耐心地读完了我这个作者絮絮叨叨的叮嘱。在这个信息大爆炸时代，令人愉悦的音乐、视频、电子游戏随处可见，而耐心却变得格外稀缺。作为作者，有你这样一位耐心的读者，是我的幸运。

［目录］
CONTENTS

第一部分

关于思考方法的
思想实验

01

批判性思维
如何变得擅长各种智力活动

　　小明的体能不好。他几乎不擅长任何体育运动。跳高、跳远、篮球、足球、登山、游泳……凡是你能列举出的体育活动，小明几乎都不擅长。

　　为了让自己擅长体育运动，小明找了一位专业的体育老师。体育老师给小明制订了一套训练计划，以跑步为主。按计划坚持跑了3个月后，小明惊奇地发现，自己变得几乎擅长所有的体育运动了。他可以跳得很高很远，可以登上陡峭的山峰，甚至连游泳、足球、篮球这些活动，也在稍加训练后变得比原先的自己强多了。

　　小明为什么仅仅接受了跑步训练，就变得几乎擅长所有体育运动了？

• • •

　　这并不难解释：

---

1. 如果拥有更好的体能，也就是更强的力量，更快的
   速度，更好的耐力，更协调、柔韧、灵敏的身体，
   那么几乎就能擅长所有的体育运动。
2. 跑步训练能让人拥有更好的体能。
因此，3. 跑步能让人变得几乎擅长所有的体育运动。

假设跑步能让人变得更擅长体育运动，那么，有没有什么
办法，可以让人变得几乎擅长所有的智力活动呢？

小明找到了那位帮过自己的体育老师，希望体育老师能训
练自己，让自己不仅在体能上变得更好，还能在智能上变得更
强。然而，体育老师对此爱莫能助。不过，小明的体育老师向
小明介绍了一位教批判性思维的老师。这位老师在了解了小明
的具体情况后，给小明制订了一套训练计划。按计划坚持练习
了 3 个月后，小明惊奇地发现，自己变得几乎擅长所有的智力
活动了。

上述思想实验令人难以置信。跑步也许能使人的体能变好，
但真的有什么训练项目能增强人的智能吗？如果有的话，它的
原理会是什么样的呢？

•••

它的原理可能是这样的：

---

1. 在几乎所有智力活动中，都需要用到 × 能力。

2. 老师给小明制订的那个训练计划能增强 × 能力。

因此，3. 小明在坚持练习了一段时间后，× 能力变得
更强，从而变得几乎擅长所有的智力活动。

现在，问题来了，× 能力是什么？

我也是一位教批判性思维的老师。我会给学生量身订制思
维训练计划，训练的内容是批判性思维的习惯和能力。

为什么提升批判性思维能让人变得几乎擅长所有的智力活
动？为什么说批判性思维就是 × 能力？

●●●

我们可以给出这样的论证：

---

1. 在几乎所有的智力活动中，我们都需要决定应该相
信什么和做什么。比如，我应该相信这道题的答案
是 A 还是 B？我应该下这一步棋还是那一步棋？我
应该相信张三的说法还是李四的说法？我应该怎么
做才能解决这个别人解决不了的高难度问题？

2. 我们应该相信一个足够好的论证的结论。如果那个
结论是陈述句，就相信它的内容。如果那个结论是
祈使句，就按它说的去做。

因此，3. 如果我们能知道一个结论是不是一个足够好的
论证的结论，我们就能决定应该相信什么和做什么。

4. 批判性思维的训练能让我们具备识别论证、分析论
证、评价论证和建构论证的习惯和能力。

> 5. 如果我们具备识别论证、分析论证、评价论证和建构论证的习惯和能力，我们就能知道一个结论是不是一个足够好的论证的结论。
>
> 因此，6. 批判性思维的训练能让我们决定应该相信什么和做什么，从而变得几乎擅长所有的智力活动。

在看到上面由 1 ～ 6 组成的论证之后，你可能依然不确信 6 这个结论是值得相信的。这是因为，你不确定由 1 ～ 6 组成的论证是不是一个足够好的论证。

你之所以不确定由 1 ～ 6 组成的论证是不是一个足够好的论证，是因为你缺少分析和评价这个论证的能力。你甚至可能都不知道这 6 句话组成了一个论证，也就是不具备识别这个论证的能力。

而你之所以缺少识别、分析和评价这个论证的能力，很可能是因为你几乎没有接受过这方面的训练。父母和老师没有教过你，你也没有从书籍、电视或者互联网上了解过这方面的知识。

由于你缺少这些能力，你也很可能不具备建构论证的能力。当别人希望你给出一个好的论证时，你不知道该怎么做才能满足别人的期望。

不过，你也不用着急。小明经过了 3 个月的训练后，变得几乎擅长所有的智力活动了。而你只要加以训练，也可以达到类似的效果。

训练的重点是论证。论证就是一组包含理由和结论的命题，其中理由为结论提供支持。在这个意义上，论证就像是一座塔，理由就是从地基到次高层的部分，结论就是最高层。如果地基足够稳固，中间部分也足够稳固，那么最高层也会足够稳固。

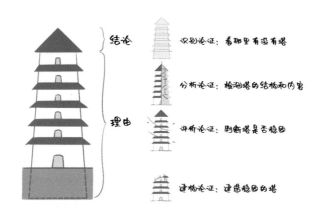

为了让你更好地识别论证，我用了 1、2、3 这样的序号将理由和结论都标记了出来。其中，结论的最左边还带有"因此"这个词。几乎在全书的每个小节，你都会发现这种带有序号的论证。你需要仔细思考这些论证，想想其中的每一句话是否值得相信？请尽可能保持挑剔，不要轻易相信它们。

还要注意一点：思想实验本身不是带有序号的论证，但我会将它们解读成这种带有序号的论证。一些思想实验还有其他的解读方式，等着你去分析和评价。毕竟，思想实验更像是一幅画，而论证则像是描绘那幅画的诗句。诗句并不能完美地描述画作，因为图画所包含的信息量并不能被无损地压缩成几行简短的诗句。所以，我们并不要求论证能完美地展现思想实验中的所有信息，只要能展现关键信息即可。

请想一想

（1）你认为是否存在着在几乎所有的智力活动中都需要用到的 × 能力？如果存在，你认为哪个或者哪些能力是 × 能力？如果你认为不存在，那又是为什么？

（2）你认为那个由 1～6 组成的论证是不是好的论证？如果是，你为什么认为它是？如果不是，你认为具体是哪里不够好？如果你认为自己目前还无法评价它是不是好的论证，那你认为自己需要怎么做才能拥有评价它的能力？

02

科学取样
我和你妈同时掉水里，你先救谁

张女士想要知道自己的丈夫是更重视自己，还是更重视他的妈妈。她问丈夫："老公，我和你妈同时掉水里，你先救谁？"丈夫毫不迟疑地回答说："当然是先救你啦。"听到丈夫的回答，张女士满意地笑了。

战斗机制造厂的李厂长想要知道飞机的哪个部位更需要加装厚装甲。他去停机坪调查从战场上返回的飞机，发现这些飞机的机翼部位有较多弹孔，而机舱和发动机部位则很少有弹孔。于是他决定给机翼加装厚装甲。

张女士和李厂长这两个案例，似乎风马牛不相及，但两者实际上有个关键的相似之处。你觉得是什么呢？

•••

张女士和李厂长在获取信息时，犯了同样的错误：没有选择科学的调查方法，而是用了糟糕的调查方法。

李厂长的错误更明显，他的思路是这样的：

---

1. 停机坪里的飞机，机翼上的弹孔比发动机和机舱部
   位的弹孔要多很多。

因此，2. 飞机的机翼比发动机和机舱更容易中弹。

3. 应该给飞机上更容易中弹的部位安装厚装甲。

因此，4. 应该给飞机的机翼安装厚装甲。

你认为以上思路有什么问题？

•••

最致命的错误在于，在 1 和 2 之间，还有一个隐藏且不可
信的 1.5：

---

1. 停机坪里的飞机，机翼上的弹孔比发动机和机舱部
   位的弹孔要多很多。

1.5. 停机坪里的飞机是所有飞机的典型样本。

因此，2.飞机的机翼比发动机和机舱更容易中弹。

要想得出 2 这个结论，1 和 1.5 都是必不可少的。虽然 1 是得到验证的可信前提，但 1.5 这个前提却很不可信。停机坪里的飞机并不能代表所有飞机，只能代表那些能从战场上幸存下来的飞机。还有很多飞机已经坠毁在战场上。那些坠毁的飞机，很可能是由于发动机或机舱中弹而坠毁的。

这就是所谓的"幸存者偏差"：能幸存下来并被看到的样本，并不是能代表总体的好样本。

张女士的思路和李厂长类似，你觉得该如何用带序号的论证表述张女士的思考过程？

•••

可以这样表述：

---

1. 丈夫在我问他"我和你妈同时掉水里，你先救谁？"这个问题时，告诉我他会先救我。

因此，2. 丈夫会先救我，而不是他妈。

3. 如果丈夫会先救我，而不是他妈，那就意味着丈夫更重视我，而不是他妈。

因此，4. 比起他妈，丈夫更重视我。

你觉得上述思路的错误出在哪里？

•••

错误也是在 1 和 2 之间，还有一个隐藏且不可信的 1.5：

---

1. 丈夫在我问他"我和你妈同时掉水里，你先救谁？"
这个问题时，他告诉我，他会先救我。

1.5. 丈夫此时口头报告的想法是他脑中所有想法的典
型样本。或者说，丈夫此时的回答能代表他内心中
长期稳定的真实态度。

因此，2. 丈夫会先救我，而不是他妈。

1.5 之所以不可信，就是因为，人们嘴上说的话时常无法代
表人们内心中的稳定态度。一方面，**人们可能会故意说谎**。丈
夫可能想要讨好妻子，便在明知自己会先救母亲的情况下，故
意说假话，让妻子误以为自己会先救妻子。另一方面，**人们也
可能会说出自己也不确定是真是假的话**。丈夫也许并不知道，
当自己真的到了那个危急关头时，到底会先救母亲还是妻子。
但是，丈夫却没有回答"不知道"或"不确定"，而是回答了
"先救妻子"。此时，丈夫也许算不上说谎，但也不能算是说了
真话。

和李厂长一样，张女士选用了糟糕的调查方法。如果张女
士想要改正自己的错误，选用更科学、更靠谱的调查方法，她
应该怎么做呢？

•••

张女士可以委托丈夫的一个朋友来替自己提这个问题。假
设这个朋友就是李厂长。李厂长问张女士的丈夫："你妈和你老
婆同时掉水里，你先救谁？"如果丈夫不知道李厂长是妻子派来
刺探自己的，他就更可能说出自己内心真实的想法。

　　同理，李厂长也需要用更科学的取样方法，来避免幸存者偏差。我们要选取的样本，必须是能代表总体的好样本。理论上，**我们要用随机取样的方法，使得总体中的每一个个体都有相同的可能性被选为样本。**

　　你觉得，我们要怎么做才能尽可能实现随机抽样呢？有哪些常见的错误会导致我们的抽样过程不够随机呢？

•••

　　以下是常见的取样错误：

　　（1）**样本量太小**：假设总体数量特别多，而选取的样本的数量又特别少，那很可能样本不够有代表性。比如，假设你想要调查全体中国人的性取向，然后你选取了上海市某大学某班级的 50 名学生。仅仅根据这 50 个个体，你试图推理出十几亿人的性取向分布，那很可能是不靠谱的。

　　（2）**幸存者偏差**：只选择自己能看到的、比较轻松就能调查到的样本。这种做法又叫"身边统计学"。因为"我身边的人、事、物"往往不是"所有人、事、物"的典型样本。比如，我发现自己身边的人大多很喜欢读书，于是我就可能误以为大多数地球人都喜欢读书。

（3）**不均匀偏差**：在一个样本分布不均匀的地方采集样本。比如，你想要知道大龄未婚青年的比例，结果你上相亲网站去调查。实际上，相亲网站的注册用户并不是总体的典型样本。

（4）**主动性偏差**：让样本自己主动成为样本，而样本自己成为样本的动机是不同的。比如，你设计了一份网络调查问卷，用来调查人们对于食用狗肉的态度。结果，你发现87%的被调查者都强烈反对食用狗肉。但87%这个数字不能代表总体。因为很可能是那些强烈反对食用狗肉的人，更愿意来填写这份问卷。

请想一想

（1）你是否曾观察到别人犯过取样错误？如果有，请举几个例子。

（2）你自己是否曾经犯过取样错误？如果有，请举几个例子。如果没有，请你在四下无人的时候再重新回答这个问题。

（3）你能不能想到一些方法，帮助自己和别人尽可能避免这种取样错误？

03

控制变量
我们如何知道因果关系

　　小明是一位成绩中等的大学生。他想要学习批判性思维，学习逻辑学，于是他找到了我。在评估了小明的情况之后，我为小明制订了训练计划。经过 50 次培训，小明付出了不少学费、时间、精力。最终，小明觉得自己变得更擅长思考了。他觉得自己能写出更好的文章，能在演说时给出令人信服的发言，在对话中也更擅长回应别人的观点了。不仅如此，小明也觉得自己有了独立思考的能力和自信，不再像刚开始时那样依赖我以及别人了。

　　一些人认为，是我提供的培训导致了小明的思维水平的提升。毕竟，小明是先经历了培训，然后思维水平才提高的。你认为事实真是这样吗？

•••

　　当我们提到"A 导致 B""A 造成 B""A 的结果是 B"等

说法时，我们就是在表达**因果关系**。为了验证 A 与 B 之间是否真的存在因果关系，我们需要去做实验。不管是实验室里的实验还是脑海中的思想实验。

在上述思想实验中，一些人是这样想的：

---

1. 小明先经历了我的培训，然后思维水平就提高了。
2. 如果两件事先后发生，那么先发生的事就是原因，后发生的事就是结果。

因此，3. 我的培训导致了小明思维水平的提高。

你觉得这个论证有什么问题吗？

•••

在这个论证中，虽然 1 是成立的，但 2 是不成立的。比如，先是天亮了，再是天黑了，然后是天又亮了。但是，天黑并不导致天亮，天亮也不导致天黑。两件事先后发生，不意味着先发生的事就是原因，后发生的事就是结果。

我们要怎么做，才能探究出真正的因果关系呢？

有多种做法，其中一种如下：

假设我们有某种仪器能测量小明的思维水平，比如一个可以探测小明大脑活动状态的头戴式高科技仪器。还有一种仪器能测量小明经历的培训时长，比如时钟这种非高科技仪器。然后，我们研究小明经历的培训时长与其思维水平之间的关系。

假设我们发现，小明每经历 1 小时培训，其思维水平就提高约 5 点。在不经历培训时，每过 24 小时，其思维水平会下降 1 点到 2 点。下次经历 1 小时培训后，其思维水平又会提高大约 5 点。

在小明经历了足够长的时间的培训后，他的思维水平似乎稳定地迈上了一个台阶。在不经历培训时，他的思维水平也不再下降。最终，小明共经历了 50 个小时的培训，其思维水平净提高了 100 点。

此时，我们发现，"小明的培训状态"和"小明的非培训状态"这两种情形之间形成了鲜明的对比。正是这种对比让我们可以认为，培训能导致思维水平的提高：

---

1. 如果在其他条件不变的情况下，一个变量发生改变后，另一个变量随之发生了改变，那么很可能是前者的改变导致了后者的改变。
2. 在其他条件不变的情况下，"小明的培训状态"这个变量发生改变后，"小明的思维水平"这个变量随之发生了改变。培训时长增加后，思维水平也提高了。
因此，3. 很可能是培训导致了思维水平的提高。

除了用小明自己的不同状态进行对比，我们还能怎么做呢？

• • •

我们还可以对比小明的状态和其他人的状态：

假设小明是同卵三胞胎之一。还有两个和小明几乎一模一样的人，中明和大明，他们并没有参加我的培训。

　　假设这三人都戴着测量思维水平的高科技仪器，他们的基线思维水平均为 100 点。小明的思维水平在培训后提高了 100 点；大明没有经历培训，其思维水平也提高了 55 点；中明也没有经历培训，但最近沉迷饮酒，测量结果显示其思维水平下降了 35 点。

　　小明三兄弟是非常相似的。三人是同一所大学、同一个班级的学生，几乎上着同样的课，和同样的老师和同学相处。连三人的手机上安装的 app 都一模一样。这段时间里，三人最主要的区别就是小明参加了培训，中明沉迷饮酒，而大明则正常地学习、生活、社交。

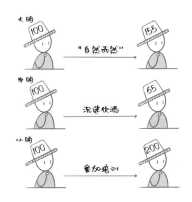

　　从三人的对比中，我们能得出什么结论呢？

•••

　　我们可以得出以下这些结论：

（1）我的培训可能导致了小明思维水平的提高。但小明思维水平的提高，并不完全是培训造成的。培训可能只导致了45点的提高量。因为，大明没有接受培训，但其思维水平也随着年龄的增加、知识和经验的丰富，"自然而然"地提高了55点。

（2）饮酒可能会导致思维水平的严重下降。而且，不是下降35点，而是下降了90点。因为，中明理应和大明一样，"自然而然"地提高55点。但他实际上下降了35点。这可能是饮酒导致的。

从小明、中明和大明的案例中，我们明白，**因果关系一定要在对比中得出。要在尽可能保持其他变量不变的情况下，只变化一个变量，然后看另一个变量是否也跟着变化了。这个方法，就叫作控制变量。**

即使不是实验室里的实验，而是脑海中的思想实验，也要控制好变量。现在，让我们来做一个思想实验，看看你对于某种条件的接受程度。

以下可能是一些你不愿意接受的情况，你可以在括号中填一个数字，表示你愿意在我们给你这个数额的金钱后，去做这件事情：

条件1：把一块香蕉肉放在勺子上，伸进嘴里，细细咀嚼，然后吃下去。（　　　）

条件2：把一块香蕉肉放在勺子上，伸进嘴里，细细咀嚼，然后拿出来，看一眼，再放回嘴里，吃下去。（　　　）

条件3：把一块榴梿肉放在勺子上，伸进别人嘴里，让别人细细咀嚼，然后拿出来，看一眼，再放回自己嘴里，吃下去。（　　　）

在上述实验中，你可能对于条件 1 很容易接受，愿意在 0 元的情况下做这件事情。条件 2 和条件 3 都很难让人接受。而且，条件 3 比条件 2 似乎更难让人接受。

但是，上述实验有个很严重的漏洞。你能看出是什么吗？

· · ·

漏洞是没有控制好变量。条件 1 和 2 之间算是控制好了变量。两者唯一的差别是，有没有看一眼咀嚼过的糊状香蕉肉。而条件 3 和 2 却出现了两个差别：一是把香蕉变成了榴梿；二是把自己咀嚼变成了其他人咀嚼。这会让我们分不清楚，究竟是哪一个变量的改变导致了 3 比 2 更难接受。所以，要加入条件 3，就一定要设置一个与其只有唯一差别的条件 4。

想要设计出精妙的思想实验，就一定要控制变量。尽可能保持其他条件不变，只改变我们想要探究的一个变量，再去观察另一个变量有没有随之发生改变。比如，我们删掉 1 和 3 这两个条件，只保留条件 2，不对实验的内容做出改变。然后，我们改变接受实验的人。我们去调查不同年龄、性别、居住地、学历、职业的人群。那时，我们也许会发现一些令人惊讶的结果。也许年龄越小的人，越不介意条件 2。而这样的研究发现，其实就足以写成论文，发表在某个心理学或人类学的期刊上，让更多科学共同体的成员来共同探究这一现象背后的因果关系。

请想一想

（1）你认为，当我们说 A 导致 B 时，我们究竟想说什么？是 A

发生后 B 就一定会发生吗？还是 A 不发生的话 B 就一定不会发生？或者其他情况？

（2）你认为，科学家、工程师、医生、警察、厨师、教师等各行各业的人，他们实际上是如何探究因果关系的？

（3）请你设计一个实验，运用控制变量的方法，来探究"跳拉丁舞使人变得更美"这句话中的因果关系是否成立。

04

操作主义

真正的东北人绝不会肇事逃逸吗

　　歌手雪村有一首脍炙人口的歌《东北人都是活雷锋》，流传极广。假定歌中的老张遭遇交通事故时，身处沈阳，而沈阳正属于"东北"这块区域。另外，我们把将老张送到医院的那位好心人称为老李，将肇事司机称为小赵。

　　交警经过一番调查，找到了刚刚伤愈的老张，问道："老张，我们可能找到撞你的司机了。你看看这张照片，是他吗？"

　　老张回答说："当时事情太突然，我记不清楚了。"

　　老李也陪在老张身边，他看了看照片，说："这小伙子长得挺精神。他是哪里人？"

　　交警说："他是沈阳人。"

　　老李立刻说："那他就不是肇事司机。"

　　交警很疑惑，问道："你怎么确定他不是肇事司机？"

　　老李说："因为他是个东北人。东北人都是活雷锋，干不出肇事逃逸这种缺德事。"

交警说："经过我们的调查，这个人就是肇事车辆的车主。相关证据也表明，这辆车一直是他本人在开，没有其他人开过他的车。他很可能就是那个肇事逃逸者。"

老李说："那他就不是个真正的东北人，真正的东北人绝不会肇事逃逸。肯定是你们搞错了，他肯定不是沈阳人。"

交警闻言，便不再多说什么。只是提醒老张，如果他想起什么事情，可以立即联系交警。

在上述场景中，交警并不太认同老李的说法。这是为什么呢？

•••

因为，交警认为自己和老李没有在同一个意义上使用"东北人"这一符号。

汉语、英语、法语，甚至计算机语言、数学语言，它们都必须由一个个符号构成。而符号有"意义"和"指称"这两个层面。符号的"指称"是符号指代的世界上的具体事物。符号的"意义"是这个符号选中它的"指称"的方式。

比如，"偶数"是一个符号，它的指称就是2、4、6、8等具体的数。我们怎么知道"偶数"这个符号指称的是这些数而不是其他的什么事物呢？因为我们掌握了"偶数"这个符号的意义：偶数是能被 2 整除的数。

"5 是一个偶数"这句话，它是由许多符号组成的符号串，叫作"命题"，它可以被判断为真或者假。当"5"这个符号的指称确实是"偶数"这个符号的指称中的一员时，"5 是一个偶数"这个符号串就为真，否则就为假。

同理，"美女"也是一个符号，它的指称就是世界上的一些具体的人。我们为什么会知道这个符号指的是哪些人呢？因为我们掌握了这个符号的意义。由于"美女"这个符号不像"偶数"一样有精确的意义，所以我们需要因地制宜，给它设定具体的意义。比如"在某个通过人脸识别进行评分的软件中得分高于 80 的女性是美女"，或者"被人们认为处于美貌程度前 30% 的女性就是美女"。

"偶数"的意义很精确，"美女"的意义不精确，而"东北人"则介于这两者之间。"东北人"有许多不同的意义。交警认为，它的意义就是籍贯位于中国东北三个省的人。（当然，有时还包括内蒙古东部地区的人。）这个意义是相对精确的，我们能凭借这个意义，找出哪些人是东北人，哪些人不是东北人。然而，"东北人都是活雷锋"的意义却不是很精确，"真正的东北人"则是一个更不精确的符号，我们难以确定经过"真正的"限定之后的"东北人"到底是哪些人。

在我们设计思想实验时，一定要确保自己所使用的关键符号有精确的指称。最佳的办法就是依靠**操作主义**，即将符号的**指称和一系列可操作的具体过程联系起来**。

比如，当我们说"张三是胖子"时，我们怎么知道这话是真是假呢？

•••

我们需要利用操作主义来确定"张三""胖子""是"这三个符号的意义。"张三"可以用他的身份证号码或者其他的独一无二的线索来指认。"胖子"可以用身体质量指数（BMI）进行计算，也就是体重数（千克）除以身高数（米）的平方，如果在中国标准中这个值大于等于28，那么此人就是"胖子"。而"是"表示集合论当中的"属于"，用符号表示就是∈。如果张三的BMI大于等于28，那么张三就是"胖子"这个集合中的元素。此时就可以说"张三是胖子"这句话为真，否则就为假。

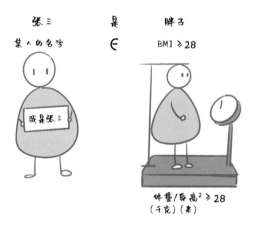

在"男人更不容易还是女人更不容易？"这个辩题中，正方支持"男人比女人更不容易"，反方则支持"女人比男人更不容易"。你认为在这两个符号串中，哪一个为真，哪一个为假？我们需要怎么做才能确定正方更合理，还是反方更合理呢？

●●●

　　我们需要先依靠操作主义，确定一下"男人更不容易"和"女人更不容易"这两个符号串的意义。你觉得它们分别是什么意思呢？

●●●

　　从遗传角度来看，"男人"一般指第 23 对染色体为 XY 的成年人，"女人"则指第 23 对染色体为 XX 的成年人。"更不容易"则是一个很不精确的符号，我们并不知道它的指称。我们需要向说出"男人更不容易还是女人更不容易"的人索取一些额外的信息，才能知道这句话究竟是什么意思。也许对方想说的是"女人比男人更不容易打拳击"，或者"男人比女人更不容易在犯错后获得原谅"。还可能是"男人比女人更不容易完成任何领域中的任何事情"，或者"女人比男人更多地面对各种各样的苛责"。

　　"男人更不容易还是女人更不容易？"这个问题，它本身由不精确的符号构成。从操作主义的角度看，在没有给这些符号设定精确的操作性定义之前，我们无法给出任何合理的回答。在它的意义和指称尚不明确之前，对于这个问题的任何回答可能都是不合理的。**你都不知道问题是什么意思，你怎么可能给出合理的回答呢？**

　　据我所知，很多参与辩论赛的辩手，并不会先利用操作主义确定这些符号的意义和指称，再去收集更多信息，判断这些符号组成的符号串或命题是否为真。经过思维训练的你，一定要记得：**在我们判断一句话、一个命题、一段符号串，它究竟**

是真是假之前，一定要先想清楚其中的符号的意义和指称是什么，然后再去判断真假。

请想一想

　　请试着给出下列词语的操作性定义。

（1）美人。

（2）科学。

（3）妈妈。

05

美人鱼的呼吸方式
想象力比知识更重要吗

在不远的未来，小明成了地球上收入最高的人之一，无数人羡慕他。他不是银行家，不是外科医生，也不是大律师，而是一名游戏设计师。

那时，许多人都喜欢玩沉浸式网络游戏。只要将安在自己后脑勺处的脑机接口连入互联网，就能全身心地游览虚拟的游戏世界。最受欢迎的一款游戏，叫作《来自新世界》。这款游戏中有剑与魔法，也有电磁步枪与光剑，还有美人鱼、半人马、哥布林和飞龙，有一切你所能想象的动物、植物、机械、建筑物……

小明是它的主设计师。毕业多年后，他回到母校演讲。演讲结束后，他与台下的学生们有了如下问答：

学生A："小明学长，你认为为什么《来自新世界》能在同类游戏中脱颖而出，成为五分之四的地球人都经常玩的游戏呢？"

小明："我认为，这是因为我们的游戏创作团队，拥有地球上最强大的想象力。我们不仅敢想，而且还能想。我们能制作出城市大小的巨型生物利维坦，让玩家在它体内冒险。我们还能制作出长着猫耳的少男少女形象，让他们陪玩家聊天、游戏。"

学生 A："可是，这些设想很早就有了啊。几个世纪前的小说、漫画、游戏中就出现了这些东西。而且，市面上其他的游戏里，也有类似的设定。"

小明："看来你没有仔细玩过《来自新世界》啊。我推荐一个玩法给你，"隐身观察者"，这个道具现在正在打折。简单来说，"隐身观察者"就是尽量少和游戏中的虚拟角色互动，只是在一旁默默地观察它们。你可以观察到，半人马究竟是用哪个乳房哺乳，刚出生的翼人如何慢慢学会助跑和飞翔。你会看到美人鱼有乳房，是哺乳动物；你也会看到它们没有鳃，不能在水下呼吸，那它们是如何在水中获取氧气的呢？而以龙的体重，按理说是绝对无法飞行的，它们又是如何盘旋在空中的呢？光剑的剑刃部分是电浆体，它们是如何被控制在一个场中，并形成固定的形状的呢？为什么狮身人的'老大'被杀后，族内的其余成员不会寻仇，而牛头人被害死后，其余的牛头人必定会寻仇呢？"

美人鱼能在水下呼吸吗？

学生 A："好神奇啊！这都是怎么做到的呢？"

小明："你可能以为，我们的团队里主要是程序员和美工。市面上的大部分游戏都是如此：游戏世界中的生物，只是由外表贴图构成，而它们体内空空如也。它们的行为模式也是周而复始的机械性循环。但实际上，我们的团队由物理学家、化学家、生物学家、人类学家、社会学家、经济学家、心理学家、语言学家等各个领域的顶尖人才组成。我们所想象出的狮鹫，不是一种神话生物，而是在现实生活中也能真正出现的生物。它们的每一寸皮肤和每一块肌肉，都被放在了应该放的位置。我们所虚构的生态环境，在现实世界中也能维持稳定。我们的想象力，不是天马行空的瞎想，而是通过建立在物理学和生物学模型上的计算形成的。天马之所以能行空，不是因为游戏世界设定了它拥有飞行的能力，而是我们团队的知识赋予了它飞行的能力。这就是你只能在'低重力区'见到天马的原因。在正常重力条件下，天马是飞不起来的。"

学生 B："这岂不是说，那些游戏中的虚构角色，设计师们想象出来的东西，其实都是真实的？"

小明："这位同学，你说得很对。即便没有玩家的参与，它们也在游戏世界中生存着。它们也会生病，也会衰老，也会繁衍后代。不同的族群有着不同的文化。它们都在利用自己所能利用的一切，在《来自新世界》中追寻它们的目标和梦想。这也是这款游戏的魅力所在。我们团队成员丰富的想象力造就了一个足够真实的虚构世界。"

　　学生 A："小明学长，你们有什么想象不到的东西吗？"

　　小明："目前，我们的想象力还没有涉及每一个细节。这不是因为设计师们不够大胆，更不是因为美术团队画不出相应的图形，而是因为创作团队遇到了知识上的瓶颈。我们之前向玩家们承诺，会有召唤系的魔法，但目前我们仍然没有解决能量守恒的问题。这就是在火球术、寒冰箭、闪电链、风刃术都一一实现之后，召唤系的魔法却至今无法实现的原因。"

　　学生 B："小明学长，如果我们毕业后，想要加入你们的团队，你有什么建议呢？"

　　小明："我建议，你们牢记这句话，'你能想象的取决于你所知道的'。现在，你们就应该将自己宝贵的时间和精力，用来拓展你们的想象力。办法不是靠反复'想象'想出来的，而是靠不断求知得到的。各个学科的知识都是有用的。我们团队始终在招数学、物理学、生物学和人类学领域的人才，最近，语言学领域的人才需求也开始出现缺口。下个资料片的主题是'星际征途'，大概会在三年后发布。那个项目对于心理学、经济学和土木工程学领域的人才需求也特别大，也许你们能找到属于自己的职位。"

　　上述思想实验描绘了未来世界中的一场返校演讲。演讲中，学长向学弟学妹们分享自己的从业经验，顺便还打了个校园招聘广告。

　　学长的想法，用严谨的格式，可以这样概述：

---

　　1. 如果不具备丰富的知识，就无法想象出一个足够真

实的虚构世界。

2. 如果无法想象出一个足够真实的虚构世界，那么许多玩家就不会玩这款游戏。

3. 如果许多玩家不玩这款游戏，那么这款游戏就会在激烈的市场竞争中被竞品淘汰。

因此，4. 为了避免被淘汰，游戏设计团队的成员必须具备丰富的知识。

你可能不打算从事游戏设计行业。但不管从事什么行业，你总是要思考和想象。而你的思考界限，你的想象力的"天花板"，就是你的知识的疆界。正如小明学长奉为圭臬的话：**你能想象的取决于你所知道的。**

沿用类似的思路，我们还可以给出哪些类似的论证？

•••

我们可以给出这样的论证：

---

1. 如果不具备丰富的军事知识，就无法想象出一个足够好的军事策略。

2. 如果无法想象出一个足够好的军事策略，那么就会输掉战争。

因此，3. 为了避免输掉战争，将军和参谋们必须具备丰富的军事知识。

让我们将"军事知识"换成其他领域的知识，还可以给出

这样的论证：

---

1. 如果不具备丰富的教育学知识，就无法想象出一个
   足够好的教育策略。
2. 如果无法想象出一个足够好的教育策略，那么就难
   以教育好孩子。
因此，3. 为了更好地教育孩子，教师和父母们必须具
   备丰富的教育学知识。

秉持着"授人以鱼，不如授人以渔"的理念，本书除了呈
现各个领域的思想实验，还包含了思想实验相关的以逻辑学为
核心的跨学科知识。为此，我们还可以给出这样的论证：

---

1. 如果不具备丰富的以逻辑学为核心的跨学科知识，
   就无法想象出一个足够好的思想实验。
2. 如果无法想象出一个足够好的思想实验，那么就会
   被糟糕的思想实验所误导。
因此，3. 为了避免被别人或自己脑中的糟糕的思想实
   验所误导，我们必须具备丰富的以逻辑学为核心的
   跨学科知识。

我们已经知道，在设计思想实验时，关键符号的意义必须
要精确。"丰富"是一个模糊的词，它的意义不够精确，它的边
界条件不够明确。所以我们要追问：为了避免被误导，我们要

具备多么丰富的知识，才算是足够丰富了？

•••

　　答案很可能是悲观的：再丰富也不能算足够丰富。因为，总有非常聪明的人会利用比你更丰富的知识，设计你难以察觉的糟糕的思想实验，以此来误导你。在误导与反误导的军备竞赛中，我们究竟应该怎么做才能保持清醒的头脑呢？

　　我们需要终身学习，以具备更丰富的知识和更强的思考能力。

请想一想

（1）一些人认为，不受知识约束的想象力至关重要，比如小孩子天马行空的畅想。你认为想象力与知识之间有什么关系？两者究竟谁更重要？

（2）你认为，知识越丰富的人，想象力是越丰富，还是越不丰富？知识会限制想象力，还是会增强想象力？

（3）你觉得不同领域的知识之间是否有高下之分？假定以锻炼思维能力为目标，你觉得哪些知识能实现它？

06

元认知策略
我应该向谁学习

在大约 10 万年前，农业和畜牧业还未诞生，我们的祖先有两大赖以为生的获取食物的方式，采集植物和狩猎动物。狩猎动物时，弓箭等工具是至关重要的。如果你手握一把优质的弓，同时你还是一位神射手，那你就是整个部落中最亮眼的"明星"。因为你不仅能给部落带来稳定的肉食供给，还能帮助部落抵御其他部族的侵犯，他们可是比豺狼虎豹更危险的大型杂食动物。

当今的人类并不需要学习如何制作、保养和使用弓箭。但对于以前的人类，拥有弓箭相关的技能却是谋生所必备的。但是，部族里有多种不同的制作和使用弓箭的方法。部族里的每个年轻人都在思考一个大问题：我应该学习哪一种制作和使用弓箭的方法？

小李是一位生活在 8 万年前的 15 岁少女，她苦苦思索，也不知道该如何回答这个大问题：我应该向谁学习？

我应该向谁学习？

　　小李并没有直接找到问题的答案，但她想到了一些解决这个问题的策略：

　　（1）基于频率的策略：哪种制作和运用弓箭的方式使用的人最多，就学习哪一种。比如现代人经常在网上购物时采取的策略：按销量排序。哪种商品买的人最多，就买哪一种。

　　（2）基于年龄的策略：向使用弓箭的老年人学习。在今天，活到 70 岁似乎并不困难。而在 8 万年前，能成为老年人是一件非常不容易的事。老年人很可能掌握着恰当的生存技巧，所以模仿老年人的行为，有可能让自己也能成功活到老。

　　（3）基于行为结果的策略：观察用弓箭的人，看谁打猎回来时带的猎物最多，就向谁学习。这背后的思路是，很可能是因为那个"捕猎冠军"的弓箭非常好，弓箭技术也非常强，他才能成为"捕猎冠军"。

　　（4）基于相似性的策略：向与自己非常相似的人学习。比如，假设小李身高 1.7 米，左撇子，女性，远视眼，右手肘部有小伤。小李的特殊条件导致她只适合特殊的射箭方式，而部族里恰好有另一位和小李各方面都很相似的人，小张。对于小李来说，模仿小张的行为，可能就是一种好的选择。

（5）基于注意力的策略：向大家都去学习的人学习，也就是关注大家都关注的人。这是一种很省事的策略。小李不需要辛苦地搜集频率、年龄、行为结果、相似性等信息，只要在集会时大喊一句"弓箭技术哪家强"，她会发现三分之二的人都转头望向坐在西南角的那个人，那么小李只要跟随大多数人的视线，也关注那个人即可。

（6）基于"知道"的策略：向真正知道如何制作并使用弓箭的人学习。这是最可靠但也最难被选择的策略。在小李自己还是个弓箭"菜鸟"的情况下，她很难判断谁是真正知道如何制作并使用弓箭的人。真正知道如何制作并使用弓箭的人，有可能没有采用主流的制作弓箭的材料，年龄也不大，也不一定能狩猎到最多的猎物，不一定和自己很相似，还不一定最有名气。

最终，小李采用了基于"知道"的策略，而小李之所以能选中这个最稳妥的策略，是因为我们做了一个具有科幻色彩的假定：有人带着现代科学和工程学的成果，穿越到了8万年前，教给小李许多知识，如材料力学、流体力学、古生物学等。基于这些现代才有的知识，小李知道了弓箭的底层原理，也就"真正知道"了如何制作并使用弓箭。

上述思想实验的用意，并不是教你向谁学习如何制作并使用弓箭，也不是让你相信未来会有人穿越到此时此刻来帮你，而是帮助你回答这个大问题：**当我需要学习任何知识和技能时，我应该向谁请教？向谁学习？我应该模仿谁的行为？我应该采纳谁的建议？**

•••

这个大问题叫作"选择性社会学习问题"。在选择向谁学习和不向谁学习这个问题上，每个还活着的人，其实做得都不差。因为总是选择错误学习对象的人，可能会因无法习得必备的生存技能而死去。所以，你或多或少已经解决了这个选择性社会学习问题。只是，你并不一定能采取最稳妥的**基于"知道"的策略（又被称作"元认知策略"）**。

在上述思想实验的结尾，小李之所以能成功选中最稳妥的元认知策略，是由于未来的人穿越到了过去，并且带着充足的知识，怀着善意，悉心教导小李。但在我们自己的人生中，不可能指望在每次遇到"选择性社会学习问题"时，都会有一个哆啦 A 梦式的朋友搭乘"时光机"来帮我们。

我们进入大学，要选择一所学校和一个专业。我们步入社会，要选择一种行业、一家公司和一个岗位。我们交友和学习时，要选择恋人、友人和导师。我们生活于人世，要选择一种世界观、人生观、价值观和方法论。这些选择至关重要。但是谁才是真正知道这些选择的答案的人呢？

•••

我无法直接回答这些问题。但我很乐意向你分享我回答这些问题时的策略：

1. 当我需要做出一个至关重要的选择时，如选择工作、伴侣甚至人生观和方法论时，我最好采用元认知策略，也就是基于"知道"的策略，请教真正知道者。

2. 在任意领域，那些能长期稳定地做出明智判断与决策，并能向别人解释自己的判断和决策为何明智的人，通常就是真正知道者。他们既具备难以言说的程序性知识，又具备可以言说的陈述性知识。

3. 假定这些真正知道者无意欺骗我，在我向真正知道者学习了他们教授的陈述性知识后，再经过足够长时间的练习，我也能具备相应的程序性知识。

4. 当我具备某一领域的陈述性知识和程序性知识后，我就成了这一领域的真正知道者。

因此，5. 如果我向真正知道者学习，并且经过足够长的时间的练习，我就能在做出至关重要的选择时，向自己请教。

请想一想

（1）列举若干个你曾经做出的重要判断和决策，试着回忆一下其中的细节。你当初是通过哪几种策略来应对其中的选择性社会学习问题的？

（2）假设你现在要面临一个重要决策，涉及工作、婚姻、生育等重要选择，你会通过什么策略来决定向谁请教？

拉波波特规则

如何优雅地反驳对手

小丽和小明是夫妻。小丽在大学里教英语辩论。小明在一家互联网公司做程序员。两人的孩子刚刚断奶。丈夫小明从某位邻居阿姨那里听说,应该给孩子买些鳕鱼,因为鳕鱼里有"DHA"。妻子小丽并不认可丈夫的决策。他们进行了如下对话:

小丽:"为什么要买鳕鱼?"

小明:"因为鳕鱼里有 DHA。"

小丽:"所以呢?要支持'应该给宝宝买鳕鱼'这个结论,光有'鳕鱼里有 DHA'这个理由可不够。"

小明学过逻辑学,他立即以逻辑学的视角回答道:"还有一个理由,那就是'宝宝需要 DHA'。"

小丽:"错!'宝宝需要 DHA'和'鳕鱼里有 DHA'这两个前提,并不能推理出'应该给宝宝买鳕鱼'这个结论。我看你是把逻辑学的知识都还给老师了。我就不拿现代逻辑语言跟你说了，就用古典三段论。你的论证，实际上是：1. 所有包含DHA的食物是应该买给宝宝吃的食物；2. 鳕鱼是包含DHA的食物；由1和2推理出3，即鳕鱼是应该买给宝宝吃的食物。"

小明想了想，说："老婆大人，你说的没错。我就是想表达这个三段论。"

小丽听了，更加生气了："你还不知道错在哪里吗？这个三段论中的1是真的吗？我们难道要把所有包含DHA的食物都买给宝宝吃吗？宝宝都能吃吗？我们有那么多钱吗？既然1不是真的，那么1和2推理出的3，也就不一定是真的。"

小明仔细想了想，觉得妻子说的很有道理，但因为"辩论"失败而有些郁闷，他还是决定出门去买鳕鱼。

生活中，我们难免会和别人有意见分歧。这时，有人用拳头解决分歧，有人则给出一番论证，希望说服对方接受自己的看法。同时，人们也会反驳别人给出的论证，削弱对方的想法的可信度。

小丽想要说服小明放弃"应该给宝宝买鳕鱼"这个结论，她说了一番话，却没有起到这个效果，小明最终还是出门买鳕鱼去了。有没有什么办法，能保证我们可以说服他人呢？

有人觉得，小丽可以这么说：

---

1. 你如果给宝宝买鳕鱼吃，那你这半个月都别想睡床，给我睡沙发去。

2. 比起坚持你自己的想法，你更不想要睡沙发。

因此，3. 你不应该给宝宝买鳕鱼吃。

你觉得这么说能起到作用吗？

· · ·

这是诉诸威胁，并不是以理服人。小明可能行动上服从了小丽，但心理上未必服气。

有人觉得，小丽还可以这么说：

---

1. 我说了，不要去买鳕鱼。
2. 这个家里应该听我的。各种事情都由我做主。
因此，3. 你不要去买鳕鱼。

你觉得这种说法如何？

· · ·

这是诉诸某种权力或地位的差异。它是在用"权威"迫使别人服从，依然不是以理服人。

有人觉得，既然依靠权力、地位或威胁手段都不是好办法，那么动之以情才是好办法。小丽也许可以这么说：

---

1. 如果你不给宝宝买鳕鱼，那我每两天就给你按摩一次。
2. 比起坚持你自己的想法，你更愿意享受我给你按摩。
因此，3. 你不要给宝宝买鳕鱼。

你觉得这个办法如何？

•••

小明听了这话，也许会很乐意地放弃自己的主张，不再试图买鳕鱼。但是，他心中依然认为"给宝宝买鳕鱼"是个好主意。他只是被眼前的利益所诱惑，暂时不去实施这个他认为的好主意。

那么，到底该怎么说服别人呢？威逼利诱不行，讲道理别人又不听。讲着讲着，还容易变成吵架。这怎么办呢？

或许，我们可以用下面这段对话的形式去与他人沟通：

小丽："为什么要买鳕鱼？"

小明："因为鳕鱼里有 DHA。"

小丽："DHA 是什么？"

小明："我也不太清楚，听说是一种营养物质，宝宝很需要的。"

小丽："宝宝需要 DHA，鳕鱼里有 DHA，所以我们要买鳕鱼。你是这样想的，没错吧？"

小明："没错。"

小丽："我想，鳕鱼应该不是唯一包含 DHA 的食物吧？你应该是想说，我们要给宝宝买一种 DHA 含量非常高的食物，而鳕鱼恰好是 DHA 含量非常高的食物。"

小明："我的意思就是这样。比起其他的食物，鳕鱼的 DHA 含量可能更高。"

小丽："那等会儿我们一起去查一些资料，看看鳕鱼的 DHA 含量是不是很高。而且，你也说了宝宝需要 DHA。我们还可以考虑，宝宝究竟需要多少 DHA？有没有可能，宝宝平时摄取的 DHA 已经足够多，不用刻意补充？"

小明："也有这种可能。等会儿我们一起查一下资料。我可以给老刘打个电话，他是搞营养学的，经常写这方面的科普文章，比咱们专业。"

小丽："对了，你是从谁那里听说宝宝要吃鳕鱼的？"

小明："我听隔壁孙阿姨说的。"

小丽："孙阿姨？她家不就是开水产店的吗？她家应该就卖鳕鱼。"

小明："那孙阿姨应该很懂鳕鱼了。我们应该听孙阿姨的，给宝宝买些鳕鱼吃。"

小丽："孙阿姨可能的确很懂鳕鱼。但是你想，王婆卖瓜都要自卖自夸。在'要不要给宝宝买鳕鱼'这个决策上，孙阿姨是一个利益相关者。她不一定能给你提供最客观、最全面的信息。"

小明："也有这种可能。但是孙阿姨跟我说的时候，语气不像是在打广告。她挺真诚的。"

小丽："她不一定故意要骗你，她可能真的相信鳕鱼是补充 DHA 的最佳食品。但这个结论是否为真，最好还是打电话问问老刘。"

小明："问问老刘的确更保险一些。"

小丽："而且，假设鳕鱼里富含DHA，假设宝宝也的确需要通过额外的食物补充DHA，再假设鳕鱼也是一种性价比很高的食物。即便如此，我们也不一定要买鳕鱼。"

小明："哦？为什么？假设鳕鱼这么好，价格又不贵的话，为什么不买呢？"

小丽："我们不能光考虑鳕鱼带来的好处，也要考虑鳕鱼可能对宝宝产生的坏处。你想，鳕鱼里有没有可能包含对宝宝有害的物质？宝宝还小，免疫力不如成年人。"

小明："你说的也是。看来，要做出一个明智的判断和决策，的确要仔细思考呢。那我们还是不要匆匆下判断了，先搜集更多的信息，了解得更充分之后，再做决定。"

在这个场景中，小丽成功说服了小明，暂时不要去买鳕鱼。为什么小丽能成功说服小明呢？

•••

因为小丽采用了一种方法，叫拉波波特规则。

阿纳托尔·拉波波特是一位奇才，他突破了学科之间的界限，将数学方法和他的心理学洞见带到各个领域，做出了许多创造性的研究。拉波波特规则是他对于"论证""人际沟通""和平与冲突"这些课题的研究成果之一，通过运用这个规则，我们几乎能确保自己说服他人。根据丹尼尔·丹尼特在《直觉泵》一书中的转述，它有如下四个步骤（见图1-1）：

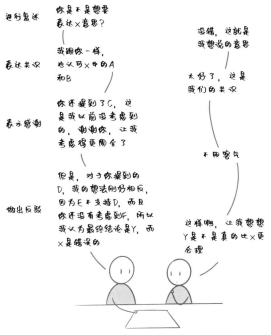

图 1-1　拉波波特规则四步骤的运用

　　第一步，**进行复述**。当我们想要反对、驳斥、批评某段话时，我们需要先用自己的语言，复述对方的话。如果对方的话很长，就精简一下。"复述"不是原样重复，而是换一种表述。你复述后的那段话，甚至要比对方的原话更加清晰易懂、生动形象，听起来更加合理。完成这一步后，对方就会认识到，你其实理解了对方想说什么。而且，对方也会察觉到你的友好态度。

　　第二步，**表达共识**。比如，小丽可以对小明说，两人的共同目标是做出对宝宝最有利的决策。两人都相信现代科学对于各类食物的营养成分分析，两人也都相信现代科学对于人体发育所需的营养物质的研究。经过这一步，对方会进一步认识到你的友好态度，并认为你们之间存在大量的共识。你们是队友关系，不是对手关系。

第三步，**表示感谢**。在对话中，对方往往会给你提供一些你以前不知道的新信息。虽然这些新信息不一定完全可靠，但这至少是一个拓展知识面的好机会。如果我们从对方那里学到了新东西，就应该表示感谢。这会让对方感受到你对他的尊重，知道你不会贬低他、攻击他。

第四步，**做出反驳**。在经历了前三个步骤之后，再提出任何反对性的意见。此时，反驳成功几乎是确定的。

换位思考一下，假设某个人在用拉波波特规则批评和反驳你提出的观点，你会怎么想？

•••

你首先会认为，自己遭到的批评是善意的。毕竟，对方似乎是个善解人意、知书达理的人。对方批评我，目的不是打击我、羞辱我，而是真诚地指出我的错误，帮助我摆脱不实信息。所以，从情感上看，我们此时更愿意被说服——因为我们更愿意被队友说服，而不是被对手说服；从理智上看，如果对方给出的批评确实很有道理，我们会明白对方没有误解我们的意思，对方只是提到了一些我们之前没有考虑到的情况，而他在做出判断和决策时，似乎比我们更深思熟虑。这样一来，我们就更愿意接受对方的反驳。

同理，只要你用这个拉波波特规则去反驳对方，反驳成功几乎是确定的。

　　而且，应用拉波波特规则的第一步是**进行复述**，也就是清晰、合理地解读并转述对方的观点。此时，你可能发现对方的想法其实很不错，对方的判断和决策也挺合理的，于是也就不需要去反驳了。

请想一想

（1）试着回忆一个你试图反驳别人，但别人并没有被成功说服的案例。然后想一想，在当时的情况下，你该如何应用拉波波特规则？

（2）试着回忆一个别人试图反驳你，但你并没有被成功说服的案例。然后想一想，在当时的情况下，对方该如何应用拉波波特规则？

（3）试着在本书中挑选一个你想要反驳，但本书作者试图支持的论证。然后想一想，如果我们都采用了拉波波特规则，那我们会展开什么样的对话？

第二部分
PART 2

关于道德与善恶的
思想实验

08

电车难题
如何判断善恶是非

　　一辆刹车失灵的电车在铁轨上行驶。前方的轨道上，有五个人被绑住了，无法动弹。如果什么都不做，电车将会轧过他们。你站在电车轨道边，身旁有一个变轨操纵杆。拉动此杆，电车将切换到另一条轨道上。但是，另一条轨道上也有一个人被绑着。如果你什么也不做，电车就会轧过五个人。如果你拉下操纵杆，电车就会轧过另一个人。你会拉动操纵杆吗？你应该拉动操纵杆吗？

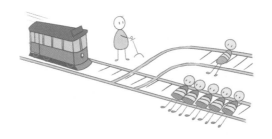

　　你认为人们面对这个场景时会怎么选择？他们做出选择的思考过程是什么样的？

•••

　　大部分人在面对这个场景时，会认为应该拉动操纵杆：

---

1. 如果在多个可选的行为中，有一个选择会带来更好的结果，那么就应该选择做这个能带来更好的结果的行为。
2. 在电车难题中有两个选择：一是不拉动操纵杆，这会导致五人死亡，一人生存；二是拉动操纵杆，这会导致一人死亡，五人生存。
3. 一人死亡且五人生存的结果，比五人死亡且一人生存的结果更好。

因此，4. 在电车难题中，应该拉动操纵杆。

　　少数人会认为应该不拉动操纵杆：

---

1. 如果拉动操纵杆，那相当于是自己的行为导致了一人死亡，这可能会被事后追责。
2. 如果什么也不做，不拉动操纵杆，那么导致那五人死亡的罪魁祸首是将五人绑架到铁轨上的人，自己很可能不会被追责。
3. 我应该做对自己最有利的事情。

因此，4. 在电车难题中，我应该不拉动操纵杆。

　　电车难题可能是有史以来最具扩展性的思想实验。只要稍做变化，就能形成新的思想实验。让我们再看一个场景：

　　在原来的基础上，将变道后的另一条轨道上的人换成你的一位亲人，可能是父母、子女或兄弟姐妹。那么，你应该选择拉动操纵杆吗？

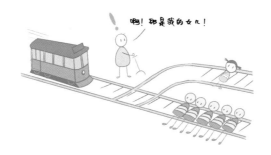

　　你觉得在这个场景中人们会怎么做呢？他们的思路又会是什么样的？

•••

　　大部分人可能会认为，自己肩负着拯救亲人的道德义务，而对于陌生人则没有相似的义务：

---

1. 每个人都应该优先救助自己的亲人。如果在多个选择中，有一个选择能让我的亲人存活但陌生人死亡，另一个选择会导致陌生人死亡但亲人存活，我应该选择让我的亲人存活。

2. 在这个版本的电车难题中，拉动操纵杆虽然会导致五个陌生人存活，但会导致我的一位亲人死亡。

因此，3. 在这个版本的电车难题中，我应该不拉动操
纵杆。

在亲人版本的电车难题上，再稍做变化：

在一条轨道上，绑着五名各个领域的优秀人才，他们的
工作可能是研发治病救人的药物，开发能提升粮食产量的农业
技术，或是寻找能回收塑料垃圾的方法。在另一条轨道上，绑
着你的一位亲人。如果你什么都不做，那五人会死亡。如果你
拉动操纵杆，那么你的亲人会死亡，那五人会幸存。你应该怎
么做？

你觉得人们会怎么做呢？

···

大部分人在这种情况下，可能会在犹豫了更长时间之后，
依然选择什么都不做，让那五名优秀人才被轧死。

不过，人们在真的面临这种艰难的选择时，可能会陷入
一种呆滞状态，无法做出任何行动和选择。假设电车默认会轧
死你的一位亲人，而你一旦拉动操纵杆，就会让你的亲人活

下来，但另一个轨道上的五名优秀人才会死亡。人们也很可能会什么都不做，使得自己的亲人死去，另外五名人才能活下来。

除了涉及亲人与陌生人的电车难题，我们还可以设计有着不同国籍、肤色、性别、年龄、性取向、职业、学历等人群的电车难题。

（1）在一条轨道上，绑着五名保险推销员。在另一条轨道上，绑着一名医生。如果你什么都不做，五名保险推销员会死亡。如果你拉动操纵杆，这名医生会死亡，五名保险推销员会幸存。你应该怎么做？

（2）在一条轨道上，绑着五个老人。在另一条轨道上，绑着一个小孩。如果你什么都不做，五个老人会死亡。如果你拉动操纵杆，一个小孩会死亡，五个老人会幸存。你应该怎么做？

我们还可以保留电车难题的内核，但是扩大遇难者的规模，顺便加入一些细节以使得思想实验更加合理：

外星人绑架了地球上的所有人，大约80亿，将大家都绑在两条轨道上，要用外星列车轧死其中一条轨道上的人。一条轨道上有66亿人，另一条上有14亿人。外星人给了你一个选择，你可以让外星列车走其中一条轨道，这样另一条轨道上的人都能活下来。如果你犹豫不决，无法做出选择，那么所有人都会死去。你应该怎么选择？

电车难题有许多变体，作为思想实验，你认为它们有什么用呢？

•••

不同的电车难题能帮助我们审视自己头脑中的概念框架，让我们清楚，在自己心中，哪些人比哪些人更重要。

让我们再变换一下场景：

一辆刹车失灵的电车在铁轨上行驶。在电车前方的轨道上，有五个人被绑住，无法动弹。如果什么都不做，电车就会轧过他们，他们将必死无疑。你站在轨道上方的天桥上，身边有一个体形比较庞大的人。如果你推那个人，他就会掉到轨道上，电车在撞到他后，就会停下来，不会轧死那五个人。如果你什么也不做，电车就会轧死那五个人。如果你推那个人，他会死去，而那五个人会活下来。你应该推动那个人吗？

你觉得人们在这个场景中会怎么做？他们的思路是什么？

●●●

大部分人认为在这个场景中不应该推那个体形比较庞大的人：

---

1. 我们不应该杀害任何无辜者，哪怕杀死一个无辜者会让更多人受益。
2. 在这个版本的电车难题中，如果我们推那个人，就是在杀害无辜者。
因此，3. 在这个版本的电车难题中，我们不应该推那个人，即便这会导致另外五个人死亡。

在此基础上，我们再稍做变化：

在这个版本的电车难题中，假设你知道那个人就是将另外五个人绑架到铁轨上的罪魁祸首，也是那个人破坏了电车的刹车系统。那么，此时你要不要推那个人？

你觉得人们会怎么选？为什么？

...

当那个体形比较庞大的人从无辜路人变成整个事件的罪魁祸首时，我们可能更倾向于杀死那个人，更何况杀死那个人还能救下他意图害死的人。

---

1. 如果在多个选择中，有一个选择会带来更好的结果，那么就应该选择这个能带来更好的结果的行为。
2. 在这个版本的电车难题中有两个选择：一是推那个体形庞大的人，这会导致一人死亡，五人生存；二是不推那个人，这会导致五人死亡，一人生存。
3. 一人死亡、五人生存的结果比五人死亡、一人生存的结果更好。
因此，4. 在这个版本的电车难题中，应该选择推那个体形庞大的人。

不过，假设那个"坏人"就是你的亲人，人们便很难大义

灭亲，对自己的亲人痛下杀手。或者，假设他虽然是整个事件
的罪魁祸首，但他同时也是一名优秀人才，正在研发一款非常
重要的药物。一旦他死去，那么药物研发工作就会被延后，许
多病人就会得不到及时的救治。当你知道这些信息后，你又会
变得很难选择推那个人了。

　　通过不同版本的电车难题，我们会发现，人们在做出善恶
是非的判断时，经常会根据行为带来的结果来判断，同时他们
会认为那些能带来更好的结果的行为就是更应该去选择的行为。
这种思路叫作结果主义。在考虑结果时，有时候人们只考虑自
己的得失，有时候则会考虑整个社会的得失。学术界将只考虑
自己的结果主义叫作"利己主义"，将考虑整个社会的结果主义
叫作"功利主义"。

　　结果主义并不是人类在判断善恶是非时的唯一思路。有时
候人们并不考虑结果，并不仔细去计算得失，而是根据义务和
规则来做出判断。这种思路叫作"义务论"，即人们认为自己不
应该违背自己的义务。比如，人们通常认为自己有照顾亲人的
义务，有不杀死无辜者的义务，有遵守自己的诺言的义务，有
惩戒恶人的义务，等等。

　　在涉及人的电车难题中，似乎没有哪种判断是唯一的正确
答案。不同的判断似乎都有道理。这是否意味着道德判断没有
对错之分？

•••

看下面这个思想实验：

　　一辆刹车失灵的电车在铁轨上行驶。在电车前方的轨道上，

有五条聪明的狗被绑住了，无法动弹。如果什么都不做，那么电车将会轧过它们，它们将必死无疑。你站在改变电车轨道的操纵杆旁。如果拉动此杆，电车将切换到另一条轨道上。但是，另一条轨道上有一个普通甚至有点愚笨的人被绑着。你可以什么都不做，让电车按照正常路线轧过五条狗。你也可以拉下操纵杆，让电车通往另一条轨道，使电车轧过另一条轨道上的那个人。你会做出什么选择？

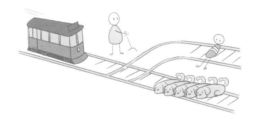

　　几乎所有人都会认为，比起五条聪明的狗，一个人（即便有点愚笨）的生命更重要。我们也可以将五条狗换成一窝可爱的小奶猫，一百只鹦鹉，一辆豪车，一台昂贵且存储着重要资料的计算机。比起它们，人的生命似乎更加重要一些，除非那台计算机里存储的资料能挽救更多人的生命。

　　这个思想实验可以说明，虽然有些道德判断难以区分对错，但有些则可以很明显地看出对错。下述思想实验是很容易想象的：

　　一辆刹车失灵的电车在铁轨上行驶。在电车前方的轨道上，有五个人被绑住了。另一条轨道上绑着张三的宠物狗。张三在操纵杆旁边思考了片刻，认为自己的宠物狗比另外五个人更重要，于是什么都不做，让电车按照正常路线轧过那五个人。一

些人以过失致人死亡罪起诉张三。但是，法官考虑到并非张三
绑架了那五个人。张三也并非车站的员工，不具备控制操纵杆
的义务。所以，张三最终被判无罪。但是，人们仍然认为，张
三虽然在法律意义上无罪，但在道德意义上是失德的行为：他
应该去拉操纵杆，但他实际没有去拉。

请想一想

（1）你认为，当结果主义和义务论相互冲突时，应该选择哪一种
　　　判断善恶是非的方式？

（2）你认为，当结果主义中的利己主义和功利主义相互冲突时，
　　　应该选择哪一种判断善恶是非的方式？

（3）你认为，在我们采用义务论思路来做出道德判断时，如果义
　　　务之间相互冲突，哪些义务的优先级更高？

（4）请设计出更多电车难题的变体，注意一次只变化一个条件。
　　　然后，向身边的人讲述这些电车难题，分析一下他们的选择
　　　和选择背后的思路。

吃人肉的外星人

动物也有权利吗

在 A 国，法律禁止人们吃"高等"动物的肉。所谓高等动物，就是他们认为非常聪明的动物，比如黑猩猩、大猩猩、长臂猿以及各种猴子都不能吃。大象也被认为是非常聪明的动物，颇有灵性，不能食用。猫被 A 国的人认为不够聪明，是允许吃的。不过，虽然法律不禁止人们吃猫，但猫的肉不好吃，基本上没有人吃。

A 国的居民极为重视饮食。他们的平均厨艺水平是全世界最高的，几乎每个人都能把各种食材变成美味佳肴。他们也非常关注每半年就修订一次的《禁止食用动物名录》。鸟类中，鹦鹉和乌鸦大约在 15 年前登上了这份名录。当时许多人还上街抗议。对于鹦鹉，人们倒是无所谓，"红烧乌鸦"可是名菜，许多外国游客都慕名前来。一旦禁止食用乌鸦，估计每年的游客都会少几成。

　　最近的新闻头条是关于章鱼的。大约 39 年前，章鱼也登上了《禁止食用动物名录》。当时 A 国的生物学家普遍认为，章鱼也是一种非常聪明的生物。但最近，新生代的生物学家研究发现，39 年前的研究很不完善。在新的研究下，章鱼的"聪明分数"只有原先的八分之一，已经远远低于猫了。所以，他们建议，将章鱼从名录中删除。

　　这意味着，一代名菜"章鱼烧"又可以重出江湖了。不久后，当地制定或修改法律的部门以 96% 支持的绝对优势，通过了"将章鱼从《禁止食用动物名录》中删除"的法案。

　　几乎与此同时，在银河系的另一个地方，一群外星人得知了这个消息。这群外星人也非常重视饮食，它们的平均厨艺水平是全宇宙最高的。它们的整个星球统一成了一个国家，这个国家大概也会在每半个地球年就修订一次《禁止食用生物名录》。这份名录里包括了全宇宙各种各样的生物。因为它们的科技非常发达，可以随时利用时空传送技术，瞬间到达其他的星球获取食材。地球也是它们的"菜园子"之一。

　　A 国的《禁止食用动物名录》中的部分动物，同时也登上了那群外星人的《禁止食用生物名录》。因为外星人与地球的生物学家们采用了类似的方法来保护它们认为的"高等生物"或者叫"聪明生物"免于被食用。当然，两份名录也略有差别。比如外星人的那份名录里还包括了一些植物和微生物，同时没有包括大象，但是包括了马。最重要的区别是，外星人的那份名录，始终都包括了章鱼。它们认为章鱼是地球上第一聪明的生物，第二聪明的是蜜蜂，第三聪明的才是地球人。

最近，外星人得知了一些地球人居然认为章鱼不够聪明的消息。它们便调低了"地球人"这个物种的"聪明分数"。现在，"地球人"刚好低于它们认定的"高等动物"的及格线，已经可以从它们反复修订的《禁止食用生物名录》中除名了。这群外星老饕，正驾驶着宇宙飞船，摩拳擦掌，迫不及待地来品尝地球人的滋味了。

上述思想实验是否令人毛骨悚然？或许，在宇宙中的无数个星系中，真的生活着把地球人当作食物的外星生物。也许，我们人类要想办法把自己变得难吃一些，这样它们就会放过我们了。

让我们用严谨的论证，将上述思想实验的内核抽取出来。首先是认为外星人不该吃人类的人，他们可能会这样想：

---

1. 捕食者不应该吃足够聪明的被捕食者。

2. 外星人属于捕食者。

3. 地球人属于足够聪明的被捕食者。

因此，4. 外星人不应该吃人类。

按照同样的逻辑，我们还能得出什么结论呢？

•••

这些人也可能认为，人类也不应该吃地球上的某些动物：

1. 捕食者不应该吃足够聪明的被捕食者。
2. 地球人属于捕食者。
3. 章鱼属于足够聪明的被捕食者。
因此，4. 地球人不应该吃章鱼。

有些人可能会认为，地球上的所有动物，其实都属于大自然利用演化算法，花费了亿万年的时间，才设计出来的生物。它们其实都非常聪明。孔雀、蝗虫、鲨鱼、羊、蛇、猪等动物，按照某个评价标准，其实都属于足够聪明的被捕食者。他们可能会这样想：

1. 捕食者不应该吃足够聪明的被捕食者。
2. 地球人属于捕食者。
3. 地球上的绝大部分动物都属于足够聪明的被捕食者。
因此，4. 地球人不应该吃地球上的绝大部分动物。

这群人有时也会倡导将"人权"赋予人类以外的动物。这些人会认为，我们现在吃这些动物，就是在搞"物种歧视"。人类目前是地球上最强大的物种，凭借自身以及装备所带来的非凡武力，我们能捕杀几乎一切动物。但我们却没有平等地对待所有的物种，而是优待了其中的一部分，歧视另一部分。比如，猫因为长相可爱，就能享受人类的优待。黑猩猩因为和人类的亲缘关系较近，也能享受优待。虽然猪也很聪明，却因为长相不被人类喜欢，而遭到无情宰杀。章鱼也很聪明，但因为和人类的亲缘关系较远，也被端上餐桌。这些人认为，这些行为都是不合理的，都应该被禁止。

也有不少人不认可这些人的想法，你认为这些反对者会怎么想？

•••

他们会给出下面这样的论证：

---

1. 捕食者不应该吃足够聪明的被捕食者。
2. 地球人属于捕食者。
3. 小麦属于足够聪明的被捕食者。
因此，4. 地球人不应该吃小麦。

在上述论证中，3 这个前提可能是最有争议的。不过，从某种意义上讲，小麦这种植物也的确很聪明。它们能利用人类来繁衍生息，占领地球各地的生态位。从基因复制的角度看，小麦的确是地球上最成功的物种之一。按照这个标准，水稻、土豆、玉米也算是很聪明的植物。

在上述论证中，4 这个结论很荒谬，但这个论证的形式和之前提到的论证没什么区别。提出这个论证的人，并不是真的想要支持"地球人不应该吃小麦"这个结论。他们是想说，之前那些论证的形式，其实也是片面的。

假定植物无法用"聪明"或"不聪明"来描述，反对者还可能提出什么论证呢？

···

有些人会给出另一种难以回应的论证：

---

1. 捕食者不应该吃足够聪明的被捕食者。
2. 狮子属于捕食者。
3. 羚羊属于足够聪明的被捕食者。
因此，4. 狮子不应该吃羚羊。

假定羚羊是有"人权"的，人不应该吃羚羊，那么按理说狮子也不应该吃羚羊。那怎么办呢？总不能把地球上所有的狮子、老虎、老鹰、鲨鱼等食肉动物都关起来，由人类定期为其投喂由植物制作的合成肉吧？

几乎所有人都认为，并不是所有动物都被允许食用，比如人就不能被食用。此时，我们便会遇到划界问题：我们应该按照一套什么样的标准来区分禁止食用的动物和允许食用的动物？

请想一想

（1）你支持"动物也有权利"吗？你支持"禁止人类食用所有动物"这个法规吗？

（2）如果你认为人类可以吃某些动物，但不能吃所有动物，那么，我们应该按照一套什么样的标准来区分禁止食用的动物和允许食用的动物？

（3）按照你给出的划界标准，请判断，是否允许外星人食用人类？

10

池塘里的小孩
我们有义务帮助别人吗

　　你走在一个池塘边，发现有个小孩在水中挣扎，快要淹死了。池塘的水不深，即便加上池底的淤泥，也只是到你的膝盖。所以，你可以安全地救出这个小孩。但是，如果你去救这个孩子，就会导致你的鞋子、裤子以及上衣都被弄脏。现在的问题是，你是否应该去救这个孩子？你是否有责任、义务去救这个孩子？如果你决定不救这个孩子，你是否做出了一个道德上错误的决定？如果某人决定不去救那个孩子，你会怎么评价那个人？

哲学家彼得·辛格提出了"池塘里的小孩"这个思想实验。他认为，面对上述场景，我们会直觉性地回答："我应该去救那个孩子，我有义务去救那个孩子。不去救孩子的人一定是做出了道德上错误的决定。"

人们对这一场景的普遍的直觉性回答，意味着什么呢？

•••

辛格认为，这意味着这个命题为真：**如果我们能在只付出比较小的代价的情况下，去阻止非常糟糕的事情的发生，那么，我们就有道德上的责任去这么做。**

你可能也觉得这个命题为真，但如果把这个命题和另外两个命题组合在一起，就会形成一个让人难以接受的结论。

1. 人们由于缺乏食物、庇护所、医药而受苦或者死亡，这是非常糟糕的事情。

2. 如果我们能在只付出比较小的代价的情况下，去阻止非常糟糕的事情的发生，那么，我们就有道德上的责任去这么做。

3. 我们能在只付出比较小的代价的情况下，去阻止非常糟糕的事情的发生。比如，我们只需要捐出用以购买非生活必需品的几十元、几百元，就能让某个快要饿死的饥民免于死亡，就能让某个缺少疫苗或者药物的人免于病痛，就能让某个缺少洁净水资源的人喝上干净的水。

因此，4. 我们应该去做这些事情。例如，捐一些钱或物品给特定的组织或个人，以防他们由于缺乏食物、庇护所、医药而受苦或者死亡。

你可能觉得这个结论并不难以接受。这可能是因为你没有意识到"应该"一词所传达的道德义务。辛格的结论是说，你有义务去做这些事情，做这些事情不是额外的善举，而是你的本分。

一般人会认为，如果我捐钱给那些需要帮助的人，那我就是一个有爱心的好人。但如果我不捐钱，也不能说明我就是个坏人。

但辛格这个结论很违背常识，它意味着，即便你捐钱给别人，你也只是做到了你分内的事情，你本来就应该这么做。如果你不捐钱给那些人，这就说明了你没有做到自己道德上应该做的事情。你是个坏人，至少是个没有尽到自己义务的人。

许多人认为由此得出的 4 是不可接受的，但将前三个命题组合在一起时，仅仅从逻辑上看，可以有效地推理出这个结论。因此，许多人认为，前三个命题中至少有一个是不可接受的。在前三个命题中，你觉得哪个最可疑？

事实上，1 通常没有人怀疑。如果你觉得别人的苦难并不是一件非常糟糕的事情，你觉得只有自己或者自己的亲人的苦难才是非常糟糕的事情，那么你就不是这个论证的目标读者。你可能是个利己主义者，而辛格的目标读者是功利主义者。

3 可能会引起一些怀疑。有人会觉得，真的有人处于快要饿死、病死的糟糕情况吗？真的有这种救苦救难的慈善组织吗？慈善组织的人会不会把我们捐的善款都贪污了？慈善组织的人真的能把食品、药品送到受难者手上吗？真的只需要几十元或几百元就能挽救一个人的生命吗？

让我们暂且放下这些怀疑。辛格和他的一些朋友在积极推进一项事业：有效利他主义。有效利他主义强调把钱花在刀刃上。他们会调查世界上的各个慈善机构，并根据某个标准来评价那些慈善机构的助人效率。他们会选出最高效的慈善项目，也就是能用最少的钱救助最多的人的慈善项目。如果你想要更了解有效利他主义这种思想，可以读一读辛格的书《行最大的善》。

假定 1 和 3 都能为人所接受，而结论又不可接受，那么问题一定出在 2 上。很多人也是这么想的，正如下面这个思想实验所提到的。

假定你在读报纸，发现有个国家发生了饥荒，许多人已经饿死，还有许多人将要饿死。虽然让你捐个几百块钱不是什么大事，而且你也知道捐个几百块钱可以有效地让若干个饥民活下来，但你依然没有去捐钱。你是否有义务去捐钱？如果你决定不捐钱，你是否会做出一个道德上错误的结论？如果别人也读了那份报纸，并决定不捐钱，你会如何评价那个人？

在这个思想实验中，人们觉得捐钱是件好事，但并不是一种义务。不捐钱也不算是一种错误的决策，只能算是没有做一件好事罢了。为什么人们对这两个思想实验会做出不同的反应呢？

•••

辛格考虑到了两个场景中的一些差异，比如：

（1）**潜在助人者的数量**：能救池塘里的孩子的人只有你，但有很多比你还富有的人可以捐钱给饥民。

（2）**受难者的数量**：池塘里只有一个孩子，但异国他乡有成百上千甚至成千上万个饥民。

（3）**助人者与受难者的距离**：池塘里的孩子离你很近，可能就几米远。异国他乡的饥民离你很远，可能有几千千米远。

辛格认为，这些差异事实上导致了人们的不同反应：在池塘场景中人们认为自己有义务救别人，在读报纸场景中人们认为自己没有义务救别人。

不过，辛格并不认为这些差异应该导致人们的不同反应。这三个因素并不应该影响人们有没有义务，只是会影响人们觉得自己有没有义务。而人们觉得自己有或没有某种义务，并不代表这种自我感觉就是对的。

我们可以将开头提到的思想实验稍做调整。

还是那个浅浅的池塘，还是那个快要淹死在池塘里的幼小的孩子，如果你去救他，还是要付出衣服被弄脏的代价。只是这次池塘周围还有别人，他们就站在一边，不去救那个孩子。你看到有个人故意把头撇开，不去看池塘里的孩子。有个人在自言自语，说自己今天穿的衣服很贵，不想弄脏。还有个人说，那个孩子挣扎的样子让他产生了创作恐怖小说的灵感，他要仔细观察那个溺水的孩子。其他人做了不同的事，说了不同的话。唯一的共同点就是，他们都没有去救那个孩子。

也就是说，在上述思想实验中，潜在助人者的数量增加了，但这并没有减轻我们的责任感。我们不会因为别人不去救那个孩子就认为自己没有义务去救那个孩子。我们会认为那些站在池塘边的围观者做了道德上错误的事情，而我们不应该像这些冷血的人一样犯错。

再看另一个思想实验：

还是那个浅浅的池塘，还是那个快要淹死在池塘里的幼小的孩子，如果你去救他，还是要付出衣服被弄脏的代价。池塘周围也没有别人，只有你。这次的区别是，池塘里有 50 个孩子。你觉得自己是否有救孩子的义务？你的确救不完所有的孩子。也许你 1 分钟只能救 1 个孩子，而再过 5 分钟，50 个孩子都会死。也就是说，你最多只能救 5 个。

在这个场景中，虽然受难者的数量增加了，但我们也并不觉得自己没有义务去救孩子了。我们会认为，两害相权取其轻，45 个孩子死去总比 50 个孩子都死去要好。所以，直觉告诉我们，即使无法救下所有的孩子，我们依然有责任去救那 5 个孩子。

最后对这个思想实验进行调整：

还是那个池塘，还是有一个孩子在水里快要被淹死。只是这次你离那个池塘几千米。你通过面前的电脑屏幕看到了那个池塘的实时景象。如果你要救那个孩子，可以按下电脑屏幕旁边的一个按钮。这个按钮会启动那个池塘的排水装置，很快就会把水排空，让孩子活下来。但是，按下这个按钮要付出一些代价。比如，按一次要消耗你100元钱。你觉得自己是否有按下按钮的义务？

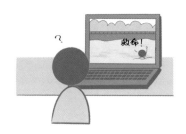

在这个场景中，虽然我们离那个孩子很远，但我们依然觉得，距离并不能减轻我们的责任，我们依然觉得自己有义务花钱按下那个按钮。

在这三个思想实验中，我们的直觉性反应都是应该救人。这意味着什么呢？

•••

这意味着，我们没有成功驳倒那句话：如果我们能在只付出比较小的代价的情况下，去阻止非常糟糕的事情的发生，那么，我们就有道德上的责任去这么做。

所以，我们依然没能驳倒以下论证：

1. 人们由于缺乏食物、庇护所、医药而受苦或者死亡，这是非常糟糕的事情。

2. 如果我们能在只付出比较小的代价的情况下，去阻止非常糟糕的事情的发生，那么，我们就有道德上的责任去这么做。

3. 我们能在只付出比较小的代价的情况下，去阻止非常糟糕的事情的发生。

因此，4. 我们应该去做这些事情。

请想一想

（1）你是否接受这个由 1～4 组成的论证？如果你认为它是不可接受的，你认为这个论证错在哪里？你打算怎么反驳这个论证？

（2）你认为，支持这个论证的人，比如彼得·辛格，他会如何回应你给出的反驳？

（3）假设你是世界首富，你对这个由 1～4 组成的论证的评价会不会发生变化？

11

游叙弗伦困境
评价标准是武断的还是无用的

在大约 2 500 年前的古希腊，人们普遍相信神灵的存在，如奥林匹斯山上的宙斯、阿波罗、雅典娜。一些人相信是神提供了善恶是非的评价标准。神还为人划定了人生的意义：虔诚地侍奉神。

但哲学家苏格拉底却对"虔诚"这个概念感到困惑。当时，游叙弗伦要去法院起诉自己的父亲，他认为自己这么做是虔诚的。苏格拉底正好也在法院前，他俩进行了大意如下的对话。

苏格拉底：请问，虔诚是什么？什么样的行为是虔诚的？什么样的行为是不虔诚的？

游叙弗伦：这个问题的答案很简单。神所喜爱的行为就是虔诚的。神不认同的行为就是不虔诚的。

苏格拉底：那个行为是因为神喜爱它，所以它才是虔诚的行为吗？比如，神喜欢人们信守诺言，不偷盗，所以"信守诺言"和"不偷盗"就是虔诚的？

游叙弗伦：你说得没错。

苏格拉底：这么说来，神认同的行为就是善行，神不认同的行为就是恶行。神只需根据自己的喜好，规定善与恶。神无须参照其他任何标准，只需武断地规定判断善恶是非的标准即可。

游叙弗伦：这么说不太对。神的判断并非武断的。神有大智慧。神会做出明智、合理、恰当的判断。

苏格拉底：这样一来，我们就不能说，一个行为是因为得到了神的认同，所以才是善的行为。我们应该说，一个行为是善的行为，所以神才认同它。神会运用某种完善的标准，做出善恶是非的判断。

游叙弗伦：你说得没错。一个行为是善的，所以神才认同它。而不是反过来。

苏格拉底：如此说来，在判断善恶是非这件事上，神是无用的。我们无须考虑神的意愿，只要凭借那一套完善的标准，就能独立地判断善恶是非。

听了苏格拉底的话，游叙弗伦无言以对。

你认为可以如何简洁地表述苏格拉底的论证？

•••

苏格拉底的论证可以改写成这样：

1. 如果一个东西是好的，是因为神认为它是好的，那么神就是武断的。

2. 如果一个东西是好的，所以神认为它是好的，那么神就是无用的。

3. 一个东西，它要么是因为神的认同而成为好东西，要么是它本身是好东西因而得到了神的认同。

因此，4. 神要么是武断的，要么是无用的。

上述说的"东西"是一个广义的代词。它可以指代具体的物件，如玻璃杯、鼠标，也可以指代行为，如听从父母的话、将别人的遗失物据为己有，还可以指代制度，如个人所得税制度，新闻记者采访制度。

而"好"与"坏"也都是广义的表示评价的形容词，在具体的语境下，它们的含义可能不同。显然，好的鼠标和好的税收制度不是同一种"好"。

上述说的"无用"是指，在我们评价各种各样的东西是好是坏时，神起不到任何作用。因为，**神并不制定"评价标准"，神自己也要遵守"评价标准"**。

陷入武断与无用这个两难困境的，可不只有神。在无神论者居多的今天，我们依然可以向法律规定和公序良俗提出同样的质疑：

（1）一种行为被法律规定为违法，是因为它本身是不好的？还是说，一种行为被法律规定为违法，所以它才是不好的？

（2）一种习俗被认为是公序良俗，是因为它本身是好的？还是说，一种习俗被认为是公序良俗，所以它才是好的？

以法律为例。假定一种行为被法律规定为违法，所以它才是不好的。那么，法律就会变成一种武断的硬性规定。也许有些恶行法律并没有禁止，而有些善行却被法律禁止了。比如，在奴隶制时代，解放别人的奴隶这种善行是违法的，而蓄奴这种恶行却是合法的。

假定某种行为本身是恶的，所以才被规定为违法。比如，偷窃、抢劫、谋杀等，几乎所有国家的法律都会规定谋杀违法。此时，人们并不需要法律的指引就能做出正确的行为，人们可以依照心中的道德律做出正确的判断。甚至，人们可以依照道德律判断某些法律是不是需要改进。

幸运的是，立法者在制定法律时往往会考虑到这些问题。所以，法律才会与时俱进。旧的不合时宜的法律会被修改，而新的法条也会更加完善。

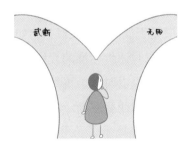

你觉得，除了神灵、法律、习俗，还有哪些东西可能陷入游叙弗伦困境？

•••

任何涉及评价标准的议题，都可能陷入这个"武断或无用"的游叙弗伦困境。

例如作业评价标准。给学员布置的作业中，我时常会让他们就某个话题写一篇论证性的文章，俗称"议论文"。有一位学员的作业我打了 75 分（满分 100）。那位学员问我："李老师，你为什么认为我的文章只有 75 分？是你武断地认为它只有 75 分，还是说你是凭借某一套评分标准来判定它只有 75 分的？如果是前者，那么你就不是一个合格的批判性思维老师。因为一个教批判性思维的老师必须要做出深思熟虑的判断，而不是武断的判断。如果是后者，那么请你告诉我你的评分标准，让我自己来评分。"

面对学员的质问，我没有感到被冒犯，反而觉得非常开心。因为这表明，这位学员学会了运用"游叙弗伦困境"这个技巧。我随后告诉这位学员评价论证性文章的一些标准，如关键概念是否有清晰的定义，背景信息和相关证据是否有全面的阐述，论证过程是否符合逻辑，前提和隐含前提是否都可以接受，对于可以预想到的反驳是否做出了预反驳，诸如此类。

这位学员在听了我对评价标准的介绍后，短时间内还无法熟练运用这套标准。但假以时日，再经过充足的练习，他一定能做出自己的独立思考和明智判断。在这件事情上，我很高兴能在"武断或无用"中选择了"无用"。因为老师的"无用"，才体现了学生的"有用"。

请想一想

（1）你认为，法律和道德律之间是什么关系？

（2）你认为，是否存在一些标准，我们可以用这些标准来评价其他的标准？

（3）你认为，是否存在最根本的标准，它们本身不需要依靠其他的标准来评价，却可以成为评价其他标准的最终依据？

12

象与骑象人
我们为何坚信自己才是正确的

茉莉和马克是一对姐弟，他们在大学暑假期间一起在法国旅行。一天晚上，两个人单独待在海边的一间小屋里。他们觉得如果两人尝试做爱会很有趣。至少对两个人来说都是全新的体验。茉莉已经服用过避孕药，但为保险起见，马克还是使用了安全套。他们都很享受，不过决定以后不再尝试。他们将那一晚作为两人之间特殊的秘密，这让他们觉得彼此之间更亲密了。你对此如何看呢？他们发生性关系是错的吗？[⊖]

这是社会心理学家乔纳森·海特做心理学研究时用的一个虚构案例、一个思想实验。他在《正义之心》一书中还介绍了更多类似的案例。对于这个案例，你有什么感想？你会如何评价姐弟俩的行为？

⊖ 引自乔纳森·海特《正义之心：为什么人们总是坚持"我对你错"》，由浙江人民出版社出版，第38页。

•••

绝大多数人会认为他们做错了。但这个研究还没完，下面是后续：

海特是一位研究人类道德判断的心理学家，他向小明讲述了茉莉和马克的故事，并问小明如何看待他们的行为。小明听后，立即表示很反感。

小明说："他们的做法是错误的。"

海特："为什么？"

小明："因为他们可能会生出畸形的孩子。"

海特："故事里提到了，他们做了完全的安全措施。"

小明："那么，他们可能会因为这个事情产生芥蒂，心中一直有个过不去的坎，一想起就感到恶心。"

海特："故事里也提到了，他们没有为这件事情烦恼。甚至两人的关系还更好了。"

小明："那就是因为，他们要向别人说谎，欺瞒家人。说谎是错误的。"

海特："他们只是约定要保守秘密。保守秘密和说谎是两回事，不能混为一谈。"

小明："他们的做法不符合正常人的道德观念。这种做法会引起众怒。"

海特："仅仅因为这个理由，还不足以说明他们的做法是错误的。在奴隶制时期，解放奴隶会引起众怒。这能说明，解放奴隶是一种错误的行为吗？"

小明："就算这个理由不够好，那一定还有别的理由能充分证明他们做错了。他们的做法肯定是错的。我一时半会儿很难说清楚为什么。但他们绝对是做错了。他们不应该这么做。他们应该为自己的行为感到羞耻。"

海特："为什么？"

小明："嗯……我也不知道。但我敢肯定，绝对是这样的。他们绝对做错了。"

海特发现，人们在做出道德判断时，往往会立即给出结论，然后再去找理由支持自己的结论。他用了一个巧妙的比喻来解释理性和情感在道德判断中的作用：人就像一条狗，狗头是直觉性或情感性的，狗尾巴是理性的。当这条狗做出道德判断时，狗头会下意识地给出判断结论，而狗摇动尾巴只是为了和其他狗交流而已。

海特认为，人类在做道德判断时，不是沉下心来，仔仔细细地思考一番，再说出结论。人类是迅速地用自己感性的狗头给出判断结论，然后再摇动理性的尾巴，为自己的结论进行辩解。要是别人不问起自己为什么得出这样的结论，那么连摇动理性尾巴的这个步骤都可以省略。

在听了茉莉和马克的故事后，大多数人会说他们做错了。海特会如何解释人们的这个道德判断呢？

• • •

海特可能会这样解释：

1. 我们一听到亲姐弟之间的性行为，就立即产生了恶
心和厌恶的感觉。这种厌恶感导致我们立即判断这
种行为是错误的。

2. 如果别人不追问我们为什么做出这种判断，我们会
理所当然地认为自己的判断是正确的、合理的。

3. 如果别人追问我们为什么做出这种判断，我们这时
才会开动脑筋，给出各种各样的理由，哪怕这些理
由实际上并不成立。

因此，4. 人们在做出道德判断时，会根据场景引发的
情绪反应，直觉性地做出判断。事后再为自己的判
断给出辩护，试图让别人相信自己的判断是合理的。

解释这种现象要用到双重历程理论（dual process theory）。
该理论认为，人类有 2 种不同的思维过程：过程 1 和过程 2，也
叫作系统 1 和系统 2。海特用象与骑象人来比喻这两个过程。
过程 2 对应骑象人，其判断是有意识的、缓慢的、受控的，是
可以言说的，是基于理性和证据的；而过程 1 则对应大象，其
判断是无意识的、快速的、自动化的，是难以言说的，是基于
情感和直觉的。在思考道德问题时，大象先基于情感和直觉迅
速做出判断，骑象人再去慢慢解释大象为何做出这样的判断和
行动。

那么，在道德判断上，大象有哪些情感和直觉呢？

•••

海特将繁多的道德判断直觉归纳总结为 6 对，分别是：关爱与伤害；公平与欺骗；忠诚与背叛；权威与颠覆；圣洁与堕落；自由与压迫。

海特还认为，不同的人对这 6 对道德直觉的重视程度不同。假设王五非常重视关爱、公平与自由，厌恶伤害、欺骗与压迫，而不那么重视对另外 3 对道德直觉。王五会发现姐弟发生性行为的案例中不涉及伤害、欺骗以及压迫。所以，王五觉得姐弟俩没有做错任何事情。

但有些人和王五有不同的直觉，他们认为姐弟发生性行为是一件肮脏堕落的事情。由于父母肯定不会鼓励兄弟姐妹之间的性行为，所以那对姐弟的行为颠覆了父母的教养理念，颠覆了权威的指导。甚至，这对姐弟的行为明显是对我们的背叛。"我们"都是不和兄弟姐妹发生性行为的人。而他们俩居然做了如此出格的行为，他们已经不再属于"我们"这个群体了。他俩没有忠诚于"我们"这个群体所恪守的行为原则和思想信条。而且，这个案例虽然看似不涉及伤害，但或许会造成意想不到的伤害。姐弟之间的问题，也许需要更长的时间才会暴露出来。正因为这种种理由，大多数人会认为这对姐弟的所作所为是错误的。

这并不是说，有人认为这对姐弟没错，有人认为他们错了，因此这件事情上就没有对错了，大家也无法探讨出最优结果。这也不是说，多数人认为错了，少数人认为没错，那么少数人就该无条件地服从多数人。哲学家丹尼尔·丹尼特在《达尔文的危险思想》一书中，从进化论的视角探讨了道德规则的形成机制。他强调，道德决策中没有简单的公式和算法，我们需要反复思考，时常与他人商讨，权衡各种考虑因素，不断优化自己的思路，才能做出更好的判断。在这个案例中，相信经过充分的沟通，大多数人能达成理性的共识。因此，从概念工程学的视角来看，如果你能想得更透彻一些，建构出一套更完善的概念框架，那么你的直觉是能得到理性辩护的。

根据双重历程理论，海特会如何解释不同人做出的不同道德判断？

•••

海特会如此解释人们在道德判断上的分歧：

---

1. 人们对于 6 对道德直觉的重视程度是不一样的。有
   的人平均重视这 6 对；有的人重视其中的一些，忽
   视另外的一些。
2. 对于同一件事，如果你和我以同样的程度重视同样
   的道德直觉，那么我们会做出类似的判断。
3. 在道德判断上，每个人都认为自己的判断是正确的，
   与自己的判断不同的人是错误的。
因此，4. 我们会认为那些与我们的道德直觉不同的人
   是错误的。

海特认为，人与人之间在道德判断上的分歧之所以难以调
和，就是人们不愿意去理解那些与自己的道德直觉不同的人。
每个人都坚持认为自己以及和自己相似的人是正确的，与自己
不相似的人是错误的。

这是不是意味着，不存在客观的道德判断，一切道德判断
都只不过是在表达人们主观的偏好和直觉，而人们的偏好和直
觉没有高下之分？

并非如此。作为心理学家，海特的目标是解释人类实际做
出道德判断的心理过程。而探究某一个道德判断到底是对是错，
这是哲学家的任务。除了本文开头虚构的茱莉和马克这对姐弟
的案例，在现实生活中，近亲之间的性行为往往会导致痛苦与

绝望。不仅参与者会后悔，知情者会痛心，如果因此怀孕，还可能连累未出世的孩子。擅长概念工程学的哲学家们一般会认为，一种通常会导致痛苦和绝望的行为，应该算作不合乎道德的行为。而且，他们能诊断出现有概念体系中的漏洞，加以优化，或者发明出更好的概念体系。这样一来，比起面对海特的连环质问而答不上来的小明，哲学家们应该能给出支持这一判断的更强有力的论证。

我们应该了解人类做出道德判断的心理过程，如果有需要，我们还可以优化这些心理过程。其实，海特的洞见并不适用于道德判断，人类的大多数决策与判断都是由大象而不是骑象人做出的。骑象人偶尔能控制大象，但大多数情况下，骑象人的作用只是合理化大象的行为和信念。

要想改变这种现状，我们要学会控制心中的大象，学会使用侦察兵心态，而不是战斗兵心态。这也是茱莉娅·加列夫在《侦察兵心态》中的隐喻，战斗兵将论证看作一场战斗，我们要战胜对手，粉碎对手的防御，保卫我们头脑中的阵地。而侦察兵将论证看作收集情报，再根据情报绘制准确的地图，我们要尽可能收集更全面的信息，尽可能纠正自己以前的错误。

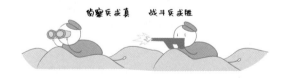

简言之，侦察兵求真，战斗兵求胜。一个将对手看作求真路上的队友，一个将对手看作求胜路上的敌人。**侦察兵情愿认错也要求真，而战斗兵宁愿造假也要求胜。**长远来看，求真者往往能笑到最后。

请想一想

（1）你认为是否存在共同的道德判断？或者说，是否存在绝对正确或错误的道德判断？

（2）你认为，人们是否有可能改变自己的道德直觉？或者说，骑象人是否有可能控制大象，改变大象？

（3）不同人会对茉莉和马克的故事做出不同的评价。请试着构想一段你和一位意见不同的好友之间的对话。

13

决定论
你应该为自己的行为负责吗

　　小明原本疾恶如仇，对偷窃毫无兴趣。突然有一天，小明开始难以抑制偷窃的冲动，还从偷窃中获得了莫大的快乐。警察抓获小明后，将他送到医院。经过诊断，他脑中有个肿瘤。不知道这个肿瘤压迫到了什么神经，使他的行为发生如此巨变。医生给小明做手术取出了肿瘤，小明就恢复成原来的自己，不再偷东西了。法官没有给小明定罪，因为小明是生了病才会偷窃，现在治好了病，以后就不具备社会危害性了。

　　过了一段时间，小明肿瘤复发了。这次他不仅热衷于偷窃，还热衷于数学研究和摄影，后两者也都是他以前不感兴趣的。小明现在一边偷东西，一边研究数学，成果颇丰，获得了数学界的大奖。同时，他的摄影作品也拿了奖。在又一次被警察抓获后，小明又一次切除了肿瘤。术后，小明不再偷窃，不再研究数学，但还是很喜欢摄影。

在两次生病期间，小明是否应该为自己的偷窃行为负责，也就是受到惩罚？

在第二次生病时，小明是否应该为自己的成绩负责，也就是受到表彰？如果你认为小明值得被表彰，为什么？

如果你认为小明不配获得奖项，那你是认为小明不配获得数学奖还是摄影奖？或者两者都不配？

•••

很多人认为，小明不该被惩罚，也不该接受表彰：

---

1. 如果是外在的不可控因素导致小明做出某种行为，那么，小明不应该为这种行为的结果负责，无论结果是积极的还是消极的。
2. 小明的偷窃行为、数学研究行为和摄影行为，都是由肿瘤这一不可控因素引起的。
因此，3. 小明不该为偷窃行为、数学研究行为和摄影行为负责，不应该被惩罚或表彰。

现实生活中，很多人可能并没有脑肿瘤。但采用同样的思路，我们可以说你的某些神经网络的状态导致你做了某件事情，而你的基因加上出生至今的生活环境导致了你的神经网络变成了现在的状态。也就是说，归根结底，你的行为是由你无法控制的因素导致的。因此，你不应该为自己的行为的任何结果负责。

你认可这种思路吗？

●●●

一些人认可这种思路，但并不认为人的所有行为都是由自身无法掌控的因素所致。这些人会这么想：

---

1. 在一个人的所有行为中，有一部分是由这个人无法控制的因素导致的，有一部分则是这个人可以自己控制的。

2. 如果一个人的行为在一定程度上由自己无法控制的因素所致，那么这个人就不应该为这一行为的结果承担全部责任。

因此，3. 当一个人取得某种成就时，此人不应该拥有全部功劳。此人的父母、老师、朋友以及特定的社会文化环境，也应该拥有部分功劳。

因此，4. 当一个人做出某种糟糕的行为时，也不应该完全怪罪于此人。影响此人的父母、老师、朋友以及特定的社会文化环境，也要承担部分责任。

在小明的案例中，有一些人认为，小明虽然不该得数学奖，但应该给他颁发摄影奖。这些人认为，在偷窃和研究数学这两件事情上，小明是不自由的。但在摄影这件事上，小明是自由的。

这些人为什么会这样想？让我们来看看哲学家哈里·法兰克福提出的思想实验：

甲、乙、丙都有烟瘾。每当烟瘾发作，他们都会产生强烈的吸烟欲望。

甲想吸烟时，他同时也非常想要戒烟。他尝试了很多戒烟方法，但都无效。每次烟瘾发作，他都无法抵抗香烟的诱惑。虽不情愿，但他还是一直在吸烟。

乙想吸烟时，从未进一步追问自己，要不要吸烟，应不应该吸烟。他从未认真考虑过这件事情。当他想要吸烟时，他就会想方设法地获取香烟；当烟瘾没有发作时，他也就不去吸烟。

丙想吸烟时，他同时也对自己的吸烟行为非常满意。不知为何，每当自己的烟瘾减弱时，他都会想办法增强烟瘾，让自己变回很想吸烟的状态。

对比甲、乙、丙，你发现了什么？

...

甲同时有三个欲望，一是想要吸烟，二是不想要吸烟，三是想要实现第二个欲望。前两个欲望直接指向的是人类欲求的事物，比如酒、金钱、名望、薯片、书籍等，它们被叫作一阶欲望。第三个欲望并不指向具体的事物，而指向一阶欲望，因而被叫作二阶欲望。

乙只有一个欲望，也就是想要吸烟。乙从未考虑过自己该不该吸烟这件事，他没有形成二阶欲望。在某种意义上，乙就像普通的动物。普通的动物有一阶欲望，没有二阶欲望。一匹马会想要吃草、睡觉、交配，但马并没有控制自己的欲望的欲望。

丙有两个欲望，一是想要吸烟，二是想要维持吸烟欲。前者是一阶欲望，后者是二阶欲望。而且，丙成功满足了自己的二阶欲望。但甲却没有实现自己的二阶欲望。

这三人中，甲没有自由意志，他没能抵御诱惑，沦为了欲望的"奴隶"。乙也没有自由意志，因为他没有形成二阶欲望。丙反而有自由意志，因为他实现了自己的二阶欲望。不过，这也不一定是什么好事。毕竟，丙的行为损害了自己的身体健康，从而损害了自身的长远利益。而甲的意志力虽然不够强大，无法抵御吸烟的诱惑，但他至少尝试过抵御。结合法兰克福提出的欲望分层理论，我们可以知道：自由就是掌控自己的欲望，让自己去满足自己想要满足的欲望，同时也能摆脱自己想要摆脱的欲望。

那么，根据该理论，我们要如何解释小明的情况？

•••

第二次发病后，小明并不只有三个欲望，而是有六个欲望：一是想要偷窃，二是想要研究数学，三是想要摄影，四是想要摆脱偷窃欲，五是想要摆脱研究欲，六是想要满足摄影欲。

这六个欲望中，前三个欲望都是一阶欲望，它们都实现了；后三个是二阶欲望，只有第六个愿望实现了。因此，小明摄影时，我们并不说小明沦为了摄影欲的奴隶，因为小明想要满足摄影欲。而当小明偷窃或研究数学时，我们可以说小明沦为了偷窃欲和数学研究欲的奴隶，因为小明的内心深处不想要偷窃和研究数学。

二阶欲望和意志力这个概念息息相关。一般认为，意志力强的人就是能按照二阶欲望行动的人，意志力薄弱的人则无法实现自己的二阶欲望，只能按照一阶欲望行动。而没有形成二阶欲望的人，实际上无法被算作理性人，而应该被算作没有自由意志的动物，或者没有发育成熟的婴幼儿。

只有理性人才拥有控制自身的目标、需求、动机和欲望的能力，也就是意志力。当这种意志力发挥作用时，就可以说人是自由的。意志力没有发挥作用，或者不存在意志力时，行为主体就是不自由的。无法控制自己的欲望的成年人就和婴幼儿甚至动物一样，是不自由的。

请想一想

（1）你认为，自己的功劳全都是自己的吗？自己的过错全都是自己的吗？其他人是否理应分享你的功劳或分担你的过错？

（2）描述一个让你印象深刻的场景，在那个场景中，你有哪些一阶欲望和二阶欲望？你的哪些二阶欲望被满足了？

（3）你觉得自己的意志力有多强？你会把自己说成是"欲望的奴隶"，还是"欲望的主人"？为什么？

14

原因与责任
如何决定惩罚与奖励

一般认为，如果一件好事因某人而起，某人就能分得功劳。如果一件坏事因某人而起，那某人就要受到惩罚。我们将此统称为"责任"。为某个行为或某个事件承担责任，就是指理应为该行为或事件的结果受到奖励或惩罚。

不过，因某人而起，就意味着这个人一定要承担责任吗？

...

小美是一位漂亮的中学生，她成绩优异、积极回答课堂问题，唯一的不足就是普通话说得不太好。班里的同学小强嫉妒小美，处处为难她，对外说小美骄傲自负，喜欢巴结老师，而且连话都说不清楚。他还会把小美的书藏起来，以此为乐。

基本不会有人这么想：

---

1. 小美受到了小强的欺凌。这是一件坏事。

2. 如果小美长得不漂亮，成绩不优秀，那么就不会被
　　小强嫉妒、欺凌。
因此，3. 小美被欺凌的部分原因是长得漂亮、成绩
　　优秀。
4. 小美必须要为因自己而起的事情承担责任。
因此，5. 小美应该为自己被欺凌承担一些责任。

我曾见到一位女儿因自己被同学欺负而向母亲求助，但那位母亲不仅不去帮助女儿，反而按照上述思路来责怪女儿。不过，幸好大多数人认为上述思路是荒谬的。这意味着什么呢？

···

这意味着，原因不一定带来消极责任。美貌是小美被欺凌的原因之一，但小美不应为此受到惩罚。

而且，如果原因是自然对象，没有人为因素，那么原因也不带来责任。

---

1. 某个仓库着火了，这是一件坏事。
2. 火灾调查员调查后说，如果仓库的氧气不够充足，
　　那么就不会着火。
因此，3. 火灾调查员认为，仓库着火，是氧气的责任，
　　要怪罪于氧气。

这种火灾调查员很快会被老板开除。可惜，女儿却无法"开除"说出类似的话的母亲。

　　一般认为，只有人可以承担责任，非人的生物，以及非生物的对象，都不承担责任。即便地震或龙卷风导致很多人死亡，大地和空气也不用承担责任。就算老虎咬死了人，或者病毒致人死亡，它们也无须承担责任。

　　原因不一定会带来消极责任，那么原因一定会带来积极责任吗？

…

　　看看如下思想实验：

　　李四和王五是好友，经常结伴买彩票。一次王五有事，就给了李四一张彩票的钱，拜托他帮自己买一张。李四这次买了两张，号码是随便填的。结果其中一张中奖了，奖金 50 万元。随后，李四找到王五，商量如何分配奖金。

王五说："我们事先没有说好，现在也说不清这两张彩票，究竟哪张是你的，哪张是我的。所以，就当这两张彩票是我们共同拥有的。毕竟，每个人出了一半的钱买这两张彩票。现在中奖了，我们也应该平分奖金。"

李四说："你说得有道理。但我觉得，彩票号码是我选的。如果我当初选其他的号码，我们也不会中奖。所以，之所以能中奖，是因为我选了中奖的号码。我认为，我的功劳比你大，奖金应该多分给我一些。我们三七分，我七你三。"

王五说："你这个说法也有道理。不过，这个彩票号码能不能中奖，完全是随机的。选彩票号码没有技术含量。你干了这件事，也很难说是一个功劳。你说是不是？"

李四说："你说得对。选号码这件事情，确实不太能算得上功劳。有功劳的人，一般是因为自己的体力或脑力劳动做出了贡献。选号码不太像是什么值得褒奖的体力或脑力劳动。但我总觉得，在中奖这件好事上，我好像做得比你多一些。"

王五说："你的确做得更多。毕竟，彩票是你去买的，你比我多走了一些路，多花了一些时间。但这些功劳，你说能值多少钱，能值几千或几万元？所以，咱们还是对半分吧。我再请你吃顿好的。而且，假设情况反过来，我也肯定会分你一半。我不会因为自己多走了几步路就觉得自己应该多分一些。"

李四说："但是，我们能中奖，主要是凭借我的运气。虽然选号码是一件没有技术含量的脑力活，但这件脑力活毕竟还是我去做的。我多多少少还是要在比例上占些优势吧？"

　　王五说："我们都是受过高等教育的人，不能相信运气这种东西。所谓运气，实际上就是不可控的随机因素。这些随机因素无所谓是'你的'还是'我的'，因为它们是独立于我们的。所以，我们还是按投入比例分更合适。你投入了一半，我投入了一半。如果没中奖，那么你我都承担一半损失。现在中了奖，你我也都应该分得一半收益。"

　　李四说："行。那就按你说的办。"

　　在现实生活中，实际占有两张彩票的李四会在谈判中占据上风。但不知为何，两人最终还是得出一个结论：即便一件好事是因为李四的行为而发生，李四也不一定有功劳或责任。如果李四没有付出什么关键的体力劳动或脑力劳动，那么李四不应声称自己有功劳或责任。

　　所以，原因并非带来积极责任或消极责任的唯一因素。你觉得，我们在确定责任时，要考虑哪些因素呢？

•••

　　一些哲学家认为，分配责任时要同时考虑三个因素：

　　（1）**原因**：那个人或那些人是否造成了那个结果？

　　（2）**自由**：那个人或那些人是否有可能不造成那个结果？

　　（3）**知道**：那个人或那些人是否知道自己的行为会造成那个结果？

　　以小美因长得漂亮而被小强嫉妒和欺凌为例：

　　（1）**原因**：一个复杂的原因之网造成了小美被欺负。比如，小美长得漂亮。小美的父母可能也相貌出众，遗传给小美姣好的容貌。小强有很强的嫉妒心。小强的父母的特定教养方式可能导致了小强难以克制嫉妒心。学校的特定安排使得小美和小强成了同班同学，有了近距离接触的机会。

（2）**自由**：小美是否有可能不漂亮？不太可能，小美难以控制自己的容貌。小强是否有可能不去欺凌小美？可能性更大，小强更有可能控制自己的行为。

（3）**知道**：小美是否知道自己会因为漂亮而被小强欺凌？很可能不知道。小强是否知道自己会因为嫉妒小美的美貌而欺凌小美？很可能知道。

因此，在大多数情况下，由欺凌小美的小强来承担责任，比由小美来承担责任，要合理得多。

请想一想

（1）许多人认为，不知者不罪。你认为，有没有一些情况不满足"知道"这一条件，但行为者依然要承担积极或消极的责任？

（2）有些人认为，即便人们没有自由意志，无法自由选择另一种可能的选项，人们也要承担责任。你怎么想？

（3）许多人经常认为某些事件的受害者自己也需要承担责任。比如，被抢劫者有时被责怪为不好好保护自己的财产，被强奸者有时被责怪为穿着不得体，被诈骗者有时被责怪为过于愚蠢。你如何解释这些现象？你觉得什么情况下，受害者的确需要承担责任？

第三部分
PART 3

关于审美与决策的
思想实验

15

丹托的四边形
什么是艺术品

你走进一家艺术展览馆，看到若干幅一模一样的画，都是在四边形画布上涂满红色。每一幅画的下方都有一个金属牌，印有标题：第一幅名为《摩西过红海》；第二幅名为《爱与盲目》；第三幅名为《血与意识形态》；第四幅画实际上是一块红底画布，名为《红底画布》；还有……

你看完这些画，觉得这家展馆就是在骗钱，于是准备去退票。但是，此时有另一个人走到你身边，仔细端详那些一模一样的红色四边形。那人一边看，一边若有所思地点头。你不禁问道，这些东西真的算是艺术品吗？他耐心地回答你，向你指出这些画分别属于哪些艺术流派，每一幅画各有什么寓意。你听了他的话之后，似乎也觉得有一些收获，好像就没那么想退票了。

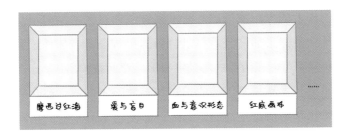

这个思想实验源自哲学家阿瑟·丹托。他想要帮助你回答这个问题：艺术的本质是什么？是什么区分了艺术品与非艺术品？

假设这一系列视觉上一模一样的红色四边形都算是艺术品，而摆在一家超市中的红底画布，虽然和摆在艺术博物馆里的那第四幅画一模一样，但它却不是艺术品。而且，虽然展览馆里的这些画作看起来都一模一样，但我们不能说它们都是同一件艺术品。

你认为这个思想实验包含了什么样的论证？

···

我们可以解读出这个论证：

---

1. 两个视觉上一模一样，甚至物理结构也一模一样的东西，可能一个是艺术品，另一个不是。
2. 两个视觉上一模一样，甚至连物理结构也一模一样的艺术品，可能实际上并不是同一件艺术品，而是完全不同的两件艺术品。
因此，3. 艺术品的本质并不在于它的物理结构或者给观看者带来的视觉刺激。

丹托认为，一件艺术品一定是具有意义的，它传递了艺术

品的创作者的思想或情感。艺术家试图通过艺术品向观众诉说一些什么。如果那件艺术品以恰当的形式蕴含了那种意义，那么观众就有可能在恰当的场景中将那种意义解读出来。

如果艺术品想要传递的思想和感情是不同的，观众解读出来的思想和感情是不同的，那么，即便艺术品本身的物理结构是一样的，它们也应该算是不同的艺术品。

按照这样的定义，一个东西是不是艺术品，取决于人们是否想要解读或能否解读出它所蕴含的意义。这和哲学家约翰·塞尔所说的制度性实体[⊖]很相似。对于有些东西来说，它是什么，取决于人们认为它是什么，而并不取决于它的物理结构。比如，钱。

---

1. 假设所有人都认为某张纸是真正的纸币，那么，这张纸的确是真正的纸币。人们可以用它去完成交易。

2. 假设所有人都认为某张纸不是真正的纸币，那么，这张纸就不是真正的纸币。人们无法用它完成交易。

因此，3. 一张纸是否能成为真正的纸币，根本原因不是它如何被生产，不是它的物理结构，不是它给人带来的视觉刺激。纸是钱的根本原因，在于它被一大群甚至所有人认为它是纸币。

同理，我们也许可以给出艺术品的类似定义：一个东西是

⊖ 对于实体与事实的区别，在此稍做解释：比如，"石头"是一个实体，而"石头能砸碎鸡蛋"是一个事实。也就是说，实体是一个东西，而事实是关于这个东西的一个真实的描述。本书中有些地方是在谈论实体，比如"钱"，它就是一个制度性的实体；有些地方则是在谈论事实，比如"张三是医生"是一个制度性的事实。

艺术品，当且仅当有一大群甚至所有人都认为它是艺术品时。

　　按照这个定义，如果有一大群人都认为摆在艺术展览馆里的那块红底画布是艺术品，那么它就是艺术品。如果人们认为摆在超市里的一模一样的红底画布不是艺术品，那么它就不是艺术品。

　　这个定义引出了一个新问题。如果有一大群人认为 × 算是某物，但另外一大群人认为 × 不算是某物，那怎么办呢？

•••

　　让我们先来看一个场景：

　　张三曾在 A 国学医，获得了 A 国卫生管理部门颁发的行医资格证，并且有多年的从医经验。在 A 国，有一大群人认为张三是医生。但张三后来到了 B 国，B 国不承认 A 国的医学教育，不认可 A 国颁发的行医资格证。因此，张三不被 B 国人当作医生。那么，张三到底是不是医生？

对比制度性事实和物理性事实的差异，能帮助我们回答这个问题。假定还有个人叫李四，他今年40岁。那么"李四是40岁的人"这句话是一个物理意义上的事实。无论在哪个国家，不管在什么样的制度下，这句话都为真。但"张三是医生"并非一个物理意义上的事实，而是一个制度上的事实。

制度是规范个体行动的社会结构。当这种社会结构变了，人们就会做出不同的行为。在相关制度下，比如A国，张三被人们当作医生，人们以对待医生的方式对待张三，因此张三事实上是能行医的。当制度发生了变化，比如到了B国，张三不被人们当作医生，人们并不以对待医生的方式对待张三，张三也就无法行医。而物理性事实不随制度的变化而变化。假定李四确实是40岁，而B国的所有人都认为他不是40岁，那只能说明B国的所有人都搞错了。

假定制度性实体与物理性实体之间的区分也是成立的，那我们如何利用这个区分来分析和评价艺术品的价值？

• • •

假设你收藏了一块玉石，无论在什么制度下，它都是由硅酸盐构成的。这是一个物理性事实。但如果你认为它价值一百万元，而收藏圈里的其他人都认为它价值二十万元，那么，它更可能被当作有二十万元的价值。因为你一个人很难影响整个制度。假设有一天，收藏圈里的人都认为它价值二十元，那么它就价值二十元。再假设有一天，这个收藏圈里没有人了，大家都忙其他的事情去了，不再关心这些东西，那么，由于赋予那块玉石以价值的收藏制度已经不存在了，那块玉石也就变得一文不值了，虽然它依然由硅酸盐构成。

对普通人来说，制度性实体是反常识的。常识认为，因为 × 是某物，所以人们才认为 × 是某物。制度性实体则会因为人们的想法而成为"事实"，因为人们认为 × 是某物，所以 × 才是某物。在日常生活中，有许多东西你以为是物理性实体，但其实都是制度性实体。

请想一想

（1）你认为艺术品的定义是什么？艺术品和非艺术品的区别是什么？

（2）你认为，除了艺术、金钱、医生，还有什么很常见的制度性实体？

（3）你认为，是否存在制度性事实和物理性事实的精确分界线？有没有什么东西，它既像是物理性实体，又像是制度性实体？

16

权力与美
权力会影响我们对美与丑的判断吗

在"丹托的四边形"中，我们发现，一个东西是不是艺术品，取决于人们是否认为它是艺术品。一个东西有多少审美价值，取决于人们赋予了它多少审美价值。因为艺术品是一种制度性实体，而不是物理性实体。但是，人与人之间的权力是不同的。拥有更多权力的人，似乎更能影响制度的形成与改变。

A 国有世袭的贵族。贵族统治着村民和市民，他们制定了法律，要求村民和市民们服从他们的命令。他们也给村民和市民的孩子提供教育，但教科书的编写权都掌握在贵族手中。报纸、书刊等任何出版物在被大众看到之前，也都要通过贵族的审查。

村民和市民向往贵族的高雅生活。在他们的印象里，贵族们从小学习钢琴、马术、古典文学，他们的言谈举止之间，无时无刻不散发着骨子里的优雅气息。贵族们身着华服，即便这些衣服并不方便行走，拖在地上，经常被弄脏，而他们的牙齿也因为摄入了过多的糖分而龋坏。而且，贵族们一般都有些胖，大多有凸起的肚腩。

但村民和市民受贵族与教科书和报刊书籍的影响，自然会认为，钢琴是优雅的乐器，古典文学是高雅的学问，带有繁复装饰的衣服帽鞋都是美丽的，黑漆漆的牙齿是高贵美丽的象征，偏胖的体形则意味着健硕。总之，他们崇尚贵族的品位和生活方式。

B 国也有着世袭的贵族。B 国的村民和市民也认为，贵族喜欢的就是高雅的，贵族厌恶的就是庸俗的。然而，B 国的贵族和 A 国有些不同。B 国贵族的衣服上没有花纹，他们最喜欢的乐器是用筷子敲击水杯，最喜欢的学科是电子工程学，并且身材大多很瘦。

虽然 A 国的贵族和 B 国的贵族在审美判断上有巨大的差异，但他们有一个共同点：每当普通市民和村民即将成功模仿他们的高雅生活之时，他们就会改变高雅生活的标准。曾经，B 国贵族的生活方式和 A 国的差不多，后来 B 国的村民和市民积累了足够多的资源来模仿贵族的高雅生活，使这种生活方式变得寻常。于是，B 国的贵族不断修改教科书和报刊书籍，将高雅生活的标准变成了如今的形式。

贵族为什么要改变高雅生活的标准呢？

•••

它的原因可能是这样的：

---

1. 有权力的人希望其他人认同自己，希望人们认为自己是美的、高雅的、高尚的。

2. 美需要许多丑衬托才能显得弥足珍贵，高雅需要大量庸俗做对比才显得格外高贵。

因此，3. 有权力的人希望大众是丑的和庸俗的，自己是美的和高雅的。

4. 大众会不断模仿由权贵们定义的美和高雅的生活，这种模仿往往拙劣。因为维持美和高雅通常需要消耗很多资源。

5. 大众会慢慢积累足够多的资源，渐渐能够完美地模仿贵族所定义的美和高雅。

因此，6. 权贵需要在自己被成功模仿之前，改变对美和高雅的定义，让自己恢复成大众想要模仿但又难以模仿的状态。

以上论证并不仅适用于血缘贵族。任何拥有一定权力的人，都会试着将自己喜欢的东西、自己擅长的事情，定义为美的、高雅的、高价值的：

在一个三口之家中，妈妈的权力最大。妈妈擅长画油画，爸爸擅长摄影，女儿擅长电子竞技游戏。

妈妈对女儿说："你以后不许再玩游戏了，游戏就是电子'毒品'，应该杜绝。"

爸爸站出来替女儿说话："没那么严重啦，偶尔玩玩没关系的。"

　　妈妈对爸爸说："还有你，以后也不许拎着个相机到处跑。我们家有那么多钱让你挥霍吗？把你那些器材都卖了，卖掉的钱正好够我买新颜料。"

　　女儿对妈妈说："凭什么你喜欢画油画就可以画，我和爸爸的爱好就得丢弃？"

　　妈妈说："因为画油画是一种高雅的艺术活动，能够陶冶情操。而你们两个，一个只知道浪费钱，另一个沉迷电子'毒品'，都是低级趣味。"

　　有权力的人为了继续维护自己的权力，便想要拥有对真、善、美的定义权。只要当权者能改变制度，就能改变制度性事实。所以，当某一个体或集体拥有改变制度的权力时，这一个体或集体往往会动用自己的权力，让我们认可对他们有利的制度，以此确立制度性事实。

请想一想

（1）假设你拥有巨大的权力，你会制定一个什么样的制度，来影响人们对于美与丑的判断？

（2）你觉得当下社会中常见的对于美与丑的判断，哪些受权力的影响更大？哪些受权力的影响更小？

（3）试着详细写下你的品位，也就是你对各种东西的美与丑、对与错、优与劣的判断，包括但不限于家具、建筑风格、美术风格、衣服、电影、音乐、思想、政治立场。你认为，你的品位是否受到了你所属的集体的影响？如果没有，为什么？如果有，能否举几个例子？

达尔文式的逆向推理

为什么人们会认为某个东西很美

不同的人喜欢不同的电影、音乐。而在某些方面，人们之间的审美偏好却异常相似。比如，几乎所有人都认为，婴儿是可爱的，美女是美丽的，薯片是美味的。

婴儿的脸圆圆的，眼睛大大的，看起来非常可爱，让人忍不住想要抱抱、亲亲。

一个皮肤光滑、双腿修长、脸部左右对称、腰臀比大约为0.7的女性，无论在谁看来，都会认为她是很美的。

薯片是一种脂肪含量在40%左右、闻起来很香、嚼起来很脆，还添加了许多盐分的食物。连发誓要减肥的人，也会认为薯片是一种难以抵御的诱惑。

为什么婴儿很可爱？为什么有着特定特征的女性看起来很美丽？为什么薯片吃起来很美味？

在丹尼尔·丹尼特看来，这种追问为什么某类东西有某种属性的提问方式是错误的。正确的问题应该是：为什么人们会认为某类东西具有某种属性？

因此，对于上述描述中提到的三个问题，丹尼特认为恰当的问法是：为什么人们认为婴儿是可爱的？为什么人们认为身体健康、生育力强的女性是性感的？为什么人们认为薯片吃起来是美味的？

你认为这种看法为什么会这样考虑？

•••

因为，对于老虎妈妈来说，小老虎才是可爱的，人类婴儿一点都不可爱，倒是可能很美味。对于人类来说，人类婴儿绝对不是美味的，而是可爱的。对于雄性黑猩猩来说，一个性感的人类女性根本就不是性感的，发情期的雌性黑猩猩才是性感的。

人类之所以认为婴儿很可爱，就是因为，如果人类的父母不认为自己的婴儿很可爱，那父母照顾婴儿的动力就会下降。弱小无助的婴儿得不到照顾，很快就会死去。如此一来，"认为婴儿不可爱"的行为模式就无法持续下去。我们这些今天活着的人类，都是"认为婴儿很可爱"的人的后代。

同理，不是因为苹果是甜的，所以人们才想要吃苹果。而是因为，苹果中富含人类必需的糖分，于是自然选择才会将人类塑造成认为这种味道是好吃的。假设有一种生物，它们吃了糖就会死，那它们就不会认为糖是美味的。它们一定会认为糖非常难吃，吃到糖时体验到的味道，可能类似于我们人类体验到的苦味。它们会对糖感到非常恶心，尽可能将吃到的糖吐出来。

由此我们可以学到一个深刻的道理：美丽、美味、香甜、性感等词，它们并不是在形容一个东西的特征，它们是在形容两个东西之间的关系。假设"性感"是某一个体的特征，是一个一元谓词，那这会造成什么后果呢？

•••

可能会出现下面这个奇怪的论证：

---

1. 每个雄性个体都想和性感的雌性个体交配，不想和不性感的雌性个体交配。
2. 某个人是世界上最性感的女性。与她越相似的雌性个体就越性感，越不相似就越不性感。
3. 母牛、母马、雌鱼、雌性蜻蜓、雌性黑猩猩，它们的长相与这个人相差甚远。
因此，4. 人类以外的动物，全都会绝种。

但是，如果我们认为"性感"是两个东西之间的关系，是一个二元谓词，那么情况就更合理：

1. 每个雄性个体都想和他们认为性感的雌性个体交配，不想和他们认为不性感的雌性个体交配。
2. 所有男性都认为某个人是世界上最性感的女性。换言之，某位男性和这位女性之间有一种联系，以使前者认为后者很性感。
3. 其他动物中的雄性个体并不认为这位人类女性是性感的。换言之，某只熊猫和这位人类女性之间就没有这种联系，也不会让前者认为后者很性感。

因此，4. 人类以外的动物，至少不会因为不愿意和其认为不性感的人类交配而绝种。

如果你不清楚一元谓词和二元谓词之间的区别，那也没关系。你可以暂且把美、甜、香、可爱等词当作动词而不是形容词。我们不能说某一个东西是美的、甜的、香的、可爱的，而一定要说某一个东西认为另一个东西是美的、甜的、香的、可爱的。

所以，当有人问"为什么 × 是美的"，你就要在心中默默地将这个问题转变成"为什么他会认为 × 是美的"。

　　不去追问为什么 × 是美丽的，而去追问为什么某个人认为 × 是美丽的，这是一种达尔文式的逆向推理。这种达尔文式的逆向推理提醒我们，要经常去追问，他为什么会那么想？他为什么会有那种感受？他为什么会出现那种情绪？他为什么会做出特定的判断和决策？就像下面这个例子所呈现的。

　　小明的钱包被偷走了，虽然钱包里只有130元，但他非常愤怒。他悬赏1 000元，试图找到小偷。另一个人劝他不要生气："为什么要生气呢？生气有什么用呢？你只损失了130元，却要花1 000元去找那个小偷，这不是太不理智了吗？生气不就是用别人的错误来惩罚自己吗？"

　　小明听了这话，更生气了。他说："你懂什么？愤怒是一种帮助人类适应环境的情绪。愤怒会激发我们的攻击行为，帮助我们消除可能对我们造成危害的对象。假设在一个人群里，人们在自己的财产被偷之后，一点都不生气，那么小偷就会肆无忌惮。而愤怒情绪会让我们想要找出那个可恶的小偷，狠狠地惩罚他，让他不敢再偷东西。你说得没错，愤怒的确会冲昏人的头脑，让人不去理智地计较得失。但此刻，我需要的正是不理智的冲动，帮助我不计代价地找出小偷。而找到后，受益的可不是我一个人，是整个社会。所以，我此刻的愤怒是正义的怒火。正是这正义的怒火，使得路人也愿意冒着受伤的风险见义勇为，制止那些没有给自己带来损失的小偷和强盗。"

请想一想

（1）试着运用达尔文式的逆向推理解释一下，为什么人在特定情况下会产生嫉妒情绪？

（2）试着运用达尔文式的逆向推理解释一下，为什么人们总是容易发现别人的错误，很难发现自己的错误？

（3）试着运用达尔文式的逆向推理解释一下，为什么有些人不惜一死也要坚持自己的想法？

18

爱与欲
价值的来源是什么

在"达尔文式的逆向推理"中，我们改变了自己对于"美"的问题的习惯性问法。我们不再去追问"为什么某个东西是美的"，而是去追问"为什么某个认知主体认为某个东西是美的"。

对于价值，我们是否可以采取同样的问法呢？我们应该问"为什么某个东西是有价值的"，还是应该问"为什么某个认知主体认为某个东西是有价值的"呢？

•••

一个班里有50名学生，其中一名叫小美，人如其名，长得很美。几乎所有人都想要和小美成为同桌，离她更近一些。小美原来的同桌决定拍卖自己的座位，和出价最高的同学换座位，10元起拍。经过几轮加价，这个位置最终以123元成交。

班里还有一名学生叫小李。他是个无趣的人，长相普通，整天在看书。他看的书似乎也很无趣，如《逻辑学概论》《普通心理学》《哲学分析导论》等。小李的同桌也想拍卖自己的座位。−100元起拍，经过几轮加价，这个位置最终以−7元的价格成交。换言之，小李的同桌不仅收不到钱，反而要给别人7元钱，才能让别人愿意和自己换座位。

问题来了，为什么小美旁边的座位值123元，而小李旁边的座位甚至要自付7元呢？

•••

答案的关键在于"想要"一词。因为人们想要与小美建立同桌关系，但并不想要与小李建立同桌关系。

"想要""喜欢""欲望""需求""希望"这些词有一个共性，那就是"爱"。

张三爱吃榴梿，爱下围棋，爱小美，爱猫，爱名望，爱权力。这些"爱"都是指张三想要获得某个东西，或者想要处于某种状态。

让我们将爱某物的主体称为"爱者"，主体爱的对象称为"被爱者"。主观价值理论者认为，**价值来源于爱者对被爱者的爱**。价值不是物理性实体，而是制度性实体。不是因为 × 有价值，某个人才爱 ×。而是因为某个人爱 ×，所以 × 才有价值。

客观价值理论者的想法则不同。他们认为，即便一个世界中不存在爱者，不存在任何生物，这样的世界依然可能是有价值的。大多数情况下，是因为 × 有客观的价值，某个人才爱 ×，而不是反过来。

让我们将主观价值理论者的论证写出来：

1.价值来源于爱者对被爱者的爱。

因此，2.如果一个世界中没有爱者或被爱者，那么这
　　个世界中就没有价值。

你能否构想出一个思想实验来说明上述论证？

•••

在一个宇宙中，不存在任何生物。动物、植物、微生物都
没有。没有任何东西想要另一个东西，或者想要处于某种状态。
因此，这个宇宙中没有任何东西有价值。因为这个世界不存在
爱者。

过了几亿年，这个宇宙中演化出了一种神奇的生物。它们
无欲无求，不爱任何对象。对于任何状态，它们都表示无所谓。
即便下一秒它们就会死亡，即便下一秒整个宇宙就会毁灭，它
们也毫不在乎。因此，这个宇宙中目前依然没有任何东西有价
值。因为这个宇宙中虽然有潜在的爱者，但它们是一种特别奇
怪的生物，它们不赋予任何被爱者特定的价值。

又过了几亿年，这个宇宙中演化出了一种正常的生物。它
们有需求，有欲望，有自己爱的对象或状态。比如，它们想要
活下去，想要繁衍，还想要追求舒适的生活。但是，这个世界
过于贫瘠，没有任何东西可以满足它们的需求和欲望。比如，
世界中没有任何营养物质能让它们活下去。它们想要避免极热
或极寒，但世界上没有任何温度适宜的地方。因此，这个宇宙
中目前依然没有任何东西有价值。因为这个宇宙中的爱者没有
发现任何值得它们爱的对象。

幸运的是，我们并不生活在那个糟糕的宇宙中。我们生活的地球上就有许多价值。因为地球上有许多爱者，也有许多被爱者。

有人想问，哪些东西能算作爱者呢？其实，任何生物都是潜在的爱者。但我们是人类，是地球上最有智慧的物种，所以我们通常只把人类当作爱者。我们并不直接在乎苹果树、宠物猫、黑猩猩、大肠杆菌它们爱的东西。当我们讨论价值时，我们应该问，人类爱什么对象？

···

具体来看，人类爱的对象千差万别。有的人爱榴梿，有的人不爱。有的人爱打篮球，有的人爱玩电子游戏。

不过，研究人类需求的心理学家们，也发现了人类爱的对象的一些共性（马斯洛需求层次理论的简化版，见图 3-1）。

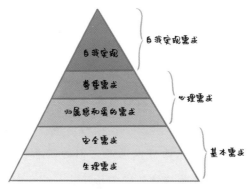

图 3-1　马斯洛需求层次理论的简化版

从这张金字塔图可以看出，人类有一些共通的需求。人们想要食物和水，想要温度和湿度适宜的环境，想要保护自己的生命和财产，想要与亲友形成良好的亲密关系，想要其他人爱自己、尊敬自己，想要获得成就感，想要成为一个更完善的自己。

假设你是一个理智的人，你想要在自己短暂的人生中，收获尽可能多的价值，那么，你应该怎么做呢？

•••

也许可以有这样的一个思路：

---

1. 价值来源于爱者对被爱者的爱。
2. 你是一个人类，是一个爱者。
因此，3. 对你来说有价值的东西，它的价值来源于你对它的爱。
4. 你想要获得尽可能多的有价值的东西。
因此，5. 你需要弄清楚你爱什么东西，不爱什么东西。
6. 关于人类爱什么东西，不爱什么东西，有一些共性，也有一些差异。
因此，7. 你除了要了解人类都爱什么东西，还需要了解自己这个特殊的个体是否有一些与众不同的需求、欲望和爱好。

为了弄清楚你爱什么和不爱什么，我还有一个建议，那就是区分工具性的爱和目的性的爱。

（1）**工具性的爱**：我们之所以爱 ×，是因为 × 能给我们带来某物。如果 × 不能带来某物，那么我们就不爱 ×。此时，我

们对 × 的爱就是工具性的爱。比如，我们之所以爱钱，是因为钱可以用来买到其他的东西，比如食物、药品、书籍、电影票等。如果钱不能换来其他的东西，那么我们就不会爱钱。因此，我们对钱的爱主要是工具性的爱。

（2）**目的性的爱**：我们之所以爱 ×，不是因为 × 能给我们带来某物。即便 × 不能带来某物，我们也依然爱 ×。此时，我们对 × 的爱就是目的性的爱。比如，我们爱健康，或者说爱健康的身体状态。即便健康不能带来其他的东西，我们也想要获得健康。因此，我们对健康的爱主要是一种目的性的爱。

许多父母对子女的爱更偏向于目的性的爱，即便子女不能给父母带来什么好处，甚至经常让父母感到头痛，父母也会爱子女。

一些影视作品把男女之间的爱情渲染成一种目的性的爱。即便主角爱的对象容貌全毁、钱财尽失、性情大变甚至作恶多端，主角也依然爱着那个对象。这些影视作品可能属于魔幻类作品，而不是现实主义作品。

大部分情况下，人类的目的是处于一种幸福美满的生活状态，而其他的东西只是达成这个目标的工具。不过，有些工具与目的之间的联系过于紧密，以至于我们经常把这些工具也算作目的的一部分。严格来说，身体健康也不是我们的目的，而是一种工具。身体不健康的人，也有较小的可能处于幸福美满的生活状态。

如果你想要在自己短暂的人生中获得尽可能多的有价值的东西，你就需要认识你自己，还有认识这个世界。认识你自己，可以帮助你了解你的目的是什么。认识这个世界，可以帮助你了解哪些工具可以达到你的目的。

请想一想

（1）你理解的幸福美满的生活状态是什么？

（2）你认为自己要怎么做，才能实现你期望的那种幸福美满的生活状态？

（3）如果你爱的东西与众不同，这导致你认为很有价值的东西在很多人看来是没有价值的，那么你会怎么做呢？

19

错误管理理论
为什么男性经常误以为别人喜欢自己

张三女士魅力十足，有许多男士热情地追求她。他们隔三岔五送情书，小明就是其中之一。虽然小明从未收到张三的回信，但他认为张三对自己有意思。比如，张三偶尔会邀请小明一起去打羽毛球。小明在社交软件上给她发笑话之后，张三会回复一张小猫"哈哈笑"的表情图。

然而，从张三的视角看，她对小明虽然并不反感，但还远远称不上"有意思"。张三很喜欢打羽毛球，所以她经常约别人去打羽毛球。张三也很喜欢那张表情图，所以经常发给别人，而小明只是众多被邀请一起打球以及收到这张表情图的人之一。

如何解释小明的想法呢？是小明自作多情吗？还是说，男性都会高估女性对自己的好感程度，而小明只是犯了所有男性都会犯的错误？

•••

要想理解小明的想法，我们需要了解一下信号检测论，或者说，错误管理理论。

---

1. 如果一个信号检测器可以设置多种灵敏度，但不管怎么设置都可能会出错，那么就要倾向于设置为错误后果最不严重的那个灵敏度。

2. 火灾报警器是一种烟雾或温度信号检测器，它可以选择发出报警声，或不发出报警声。

3. 选择发出报警声时，如果选错了（实际上没起火），那么代价就是一些人虚惊一场。

4. 选择不发出报警声时，如果选错了（实际上起火了），那么可能会使一些人被烧死。

5. "一些人可能被烧死"比"一些人虚惊一场"更严重。

因此，6. 安装火灾报警器的人应该把烟雾或温度检测的灵敏度调高，宁可误报也不要漏报。

人类也是信号检测器，我们都在检测各种各样的信号，并做出各种各样的反应。比如，在择偶时，我们根据检测到的对方发送的各种信号，来决定自己应该继续追求对方，还是放弃眼前这个人，追求另一个人。你会如何利用错误管理理论来解释小明高估张三对自己的好感程度这件事呢？

•••

---

1. 如果你面临多种选择，每种选择都可能会出错，那

么就要倾向于错误后果最不严重的那个选择。

2. 小明可以选择认为张三对自己有意思，或张三对自己没意思。

3. 选择认为张三对自己有意思，如果选错了（实际上张三对小明没意思），那么代价就是浪费了一些时间去追求张三。

4. 选择认为张三对自己没意思，如果选错了（实际上张三对小明有意思），那么代价就是错失了一个重要的择偶机会。

5. "错失一个重要的择偶机会"比"浪费了一些时间去追求张三"更严重。

因此，6. 除非张三给自己发出了明显的"没意思"信号，否则小明应该倾向于选择认为张三对自己有意思。

一些人认为，在刑事审判时，每个人都应该被默认为无罪，除非有如山铁证能证明其有罪。这也是因为，他们觉得无罪者被冤枉这个错误后果更严重。而有罪者没有受到惩罚，相比之

下没那么严重。

---

1. 如果你面临多种选择，每种选择都可能会出错，那么就要倾向于错误后果最不严重的那个选择。
2. 作为法官，你可以选择判被告有罪或无罪。
3. 选择判被告有罪，如果判错了（实际上被告无罪），那么代价就是无罪者被国家司法机关冤枉了。
4. 选择判被告无罪，如果判错了（实际上被告有罪），那么代价就是有罪者没有受到惩处。
5. "国家司法机关冤枉无罪者"比"有罪者没有受到惩处"更严重。

因此，6. 除非有经得起合理怀疑的证据支持被告有罪，否则你应该判被告无罪。

关于错误管理理论，最著名的思想实验是帕斯卡的赌注。我们可以将帕斯卡的想法绘制出来（见图 3-2）。

	神存在	神不存在
相信神	永恒的幸福	浪费了时间
不相信神	永恒的惩罚	没有浪费时间

图 3-2　帕斯卡的赌注

帕斯卡认为，在相信神和不相信神这两种选择中，"永恒的惩罚"这一错误后果是最严重的。因此，不管神是否存在，理性的人都应该选择相信神。这就像是，在信号不明确的情况下，不管人家是否对自己有意思，我们都要认为人家对自己有意思。

然而，帕斯卡虽然是一位伟大的数学家和物理学家，但因为他急切地想要相信神，从而在思考神是否存在的问题时不够理智。这叫作愿望式思维，即人们时常把自己想要相信的事情当作真实存在的事实。比如，小明急切地想要张三女士喜欢自己，于是他便一厢情愿地认为张三女士的确喜欢自己。

帕斯卡试图说服我们在对神之存在完全无知的情况下，也应该相信神的存在。但他此时偷偷引入了一些关于神之存在的后果的描述。既然我们不知道神是否存在，那也没法知道相信神或者不相信神的结果会是什么。我们不应该默认神是那种嫉妒心很强而且很孩子气的东西，会因为我们不相信它而惩罚我们，或者因为我们相信它而奖励我们。说不定神是那种很理智的东西，会因为我们理性思考而奖励我们。但理性思考的结果是，现有的证据不足以支持神的存在。

罗素是一位伟大的数学家、逻辑学家和哲学家，他坚定地不相信神。而哲学家约翰·塞尔讲过他的一个小故事：有人问罗素，如果你死后上了天堂，真的见到了神，而神质问你为何不相信它，你会说什么？罗素回答说，因为你没有提供足够的证据。

除此之外，帕斯卡的赌注有一个致命的漏洞。你想到了吗？

•••

帕斯卡没有考虑到，万一真正存在的神并不是你相信的这

位，而是另一位呢？假设，"真神"不会因为你不相信其存在而
惩罚你，但会因为你相信"伪神"而惩罚你。那么，情况可能
发生改变（见图3-3）。

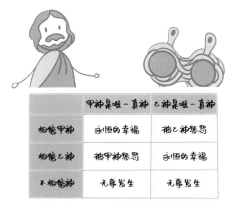

图3-3 帕斯卡的赌注变式

假设情况是这样，那么理性的人应该选择暂时不相信神。
我们应该做一个"等等党"，等证据收集得更全面，等我们可以
确定甲、乙、丙、丁等各种自称是真神的对象，哪个才是真正
的真神之后，我们再去决定相信哪个神。在此之前，选择不相
信神才是明智之举。实际上，目前没有任何支持神存在的强力
证据，反而有相当多的证据表明，很多人试图诱导我们相信神
存在，从而骗取我们的财物和劳动付出。因此，我们要格外提
防这种有神论宣传。

一句话概括错误管理理论，就是在信息不全面的情况下做
出判断和决策时，要尽可能避免犯后果更严重的错误。

请想一想

（1）你是否认可帕斯卡的结论?

（2）你觉得"好人被冤枉"和"坏人被放过"这两个后果的比较中，哪个更严重?

（3）你还想到了哪些可以利用错误管理理论来做出决策的场景?

20

纽康伯问题
一个理性的人应该如何做出决策

    一个几乎能预知未来的人出现在你面前。她可能是神灵，也可能是穿越的未来人，还可能是超级计算机，抑或会预知术的魔法师。总之，从她过往的记录来看，她从不出错。现在，她要跟你玩一个游戏。你面前有两个盒子，甲盒子是透明的，里面装着一千元。乙盒子是不透明的，你不知道里面装了什么。你可以选择同时拿走两个盒子，也可以选择只拿走乙盒子。在你做出选择前，她告诉你，如果她预言你只拿走乙盒子，那么她就会提前在乙盒子里放入一百万元。如果她预言你拿走两个盒子，那么她就不会往乙盒子里放任何东西。

    你的选择是什么？你会选择只拿走乙盒子，还是拿走两个盒子呢？

这个问题叫作纽康伯问题，由美国物理学家威廉·纽康伯提出。哲学家罗伯特·诺齐克详细分析了这个问题后，认为它有两种不同但都很合理的答案。

你也许会认为，拿走两个盒子才是唯一的正确答案：

---

1. 拿走两个盒子，永远比只拿走乙盒子更好。因为这个选择必然会使你多获得甲盒子中的钱。
2. 获得更多的钱总是好事。
因此，3. 应该选择拿走两个盒子。

但是，也有许多人认为，只拿走乙盒子才是唯一的正确答案。你觉得这些人会怎么想？

...

---

1. 如果我选择只拿走乙盒子，那么，那个预言师就会往乙盒子中放入一百万元，我就能拿到一百万元。

2. 如果我选择拿走两个盒子，那么，那个预言师就不
   会往乙盒子中放入任何东西，我就只能拿到一千元。

3. 拿到一百万元比拿到一千元更好。

因此，4. 我应该选择只拿走乙盒子。

不过，即便是考虑到这些人的想法，你可能依然认为，拿
走两个盒子才是唯一的正确答案：

---

1. 如果预言师往乙盒子中放入了一百万，那么，我拿
   走两个盒子可以在一百万元的基础上多获得一千元，
   只拿走乙盒子只能获得一百万。

2. 如果预言师不往乙盒子中放入任何东西，那么，我
   拿走两个盒子可以获得一千元，只拿走乙盒子就什
   么也得不到。

3. 在我做出选择时，盒子中的东西已经被提前放好了，
   它不会再变动了。乙盒子中要么什么也没有，要么
   有一百万元。

因此，4. 拿走两个盒子，永远比只拿走乙盒子更好。
   因为这个选择必然会使我多获得甲盒子中的钱。

如果你这么想，就是在假定这位预言师并不能完美预测未
来。因为你还考虑到了她预言失败的两种情况：你选择拿走两
个盒子，但她没有预测准确，结果往乙盒子中放了一百万元。
或者，你选择只拿走乙盒子，但她也没预测中，结果没有往乙
盒子中放钱。

你相信预言师不能完美地预测你的选择，因为你相信自己有自由意志，可以自由地决定自己究竟想要选择什么。任何人，哪怕是"超能力者"，也无法完美地预测你的种种选择。

---

1. 我拥有自由意志。
2. 如果我拥有自由意志，那么就没有人能完美地预测我的所有选择。

因此，3. 那个预言师也无法完美地预测我的所有选择。

不过，假设这位预言师已经和别人玩过很多次这个游戏了。你从别人那里获知，她总是能预测准确。甚至，你自己也已经和她玩过多轮游戏了。你也发现她从没有出错过。此时，你可能会这样想：

---

1. 这个预言师能完美地预测我的选择。
2. 如果有人能完美地预测我的选择，那就意味着我其实没有真正的自由选择的能力。

因此，3. 我其实没有自由意志。

没有自由意志，这听起来是一个非常糟糕的结果。为了让你好受一些，我们假设这位预言师并不能完美地预测你的选择，有95%的成功率，5%的失败率。此时，我们可以用数学方法帮助我们做出选择。计算如下：

选两个盒子的期望收益 = 1 000 × 95% + 1 001 000 × 5%
= 51 000（元）

$$选乙盒子的期望收益 = 1\,000\,000 \times 95\% + 0 \times 5\%$$
$$= 950\,000（元）$$

根据计算结果，选择乙盒子的期望收益更高。但这只是支持选择乙盒子的一种证据。即便只选乙盒子的期望收益更高，依然无法说明，选择两个盒子就必然是更糟糕的选择。毕竟，它没有驳倒支持选择两个盒子的论证。

让我们再看一个类似的思想实验，叫作帕菲特的搭便车者：

有个人被困在沙漠里，没有食物和水，也没有手机和钱包。正当他认为自己要死在这里时，开来了一辆车，车停下来，一个人走下车，对被困者说："你可以搭我的车，我送你去最近的城镇。但是，前提是你答应我，在你到达城镇后，就给我转账一千元作为回报。如果你敢骗我，我现在就不会救你。"

被困者听了，觉得人生又有了希望。他差点立刻答应。但他突然转念一想：只要到了城镇自己就安全了，也就不用再付这一千元了。于是，他努力发挥演技，假意答应对方。但实际上，他打算一到城镇就违背诺言。

他不知道的是，开车者受过专业的心理学训练，能凭借一个人的语言、表情和肢体动作，几乎完美地识破谎言。开车者对被困者说："你在骗我，你就留在这儿等死吧。"后来，再也没有其他的车经过。被困者绝望地死在沙漠里。

这个思想实验中，被困者的确有一个类似于"拿走两个盒子"的策略：假意答应给钱，实际不给。但是，由于这个思想实验中也有一个几乎拥有识破谎言的超能力的人，所以被困者也陷入糟糕结局。只是在纽康伯问题中，糟糕结局也有一千元保底收益。而这里的却是死在沙漠里。

这个搭便车的思想实验是否能告诉我们，选择乙盒子才是唯一的正确答案？

•••

这个思想实验依然没有决定性地告诉我们，应该选乙盒子，或者应该答应给钱并真的给钱。因为它只是支持了选乙盒子的论证，它还没有驳倒那些支持两个盒子都选的论证。

这两个思想实验让我们知道了有两种不同的决策方式。一种是根据所收集的信息和证据来做出期望收益最高的决策，这种方式叫作证据决策理论（evidential decision theory，简称为 EDT）。另一种叫因果决策理论（causal decision theory，简称为 CDT），即根据自己目前所能采取的各种行动方案导致的各种结果，来排除更差的行动方案，选择更优的选项。

采用 CDT 的话，拿走两个盒子要优于只拿一个盒子，答应给钱但不真的给钱要优于答应给钱并真的给钱。但是，采用 EDT 则会得出相反的结论。

在日常生活中的大部分情况下，这两种决策理论会导致我们做出同样的选择。但在纽康伯问题以及类似的问题中，两种貌似都很合理的决策方式，却指导我们做出不同的行动。在下面这个更短的类似的思想实验中就有所体现：

假定世界上所有的"杀人狂"都有一个特殊的 × 基因，这个基因使得他们在杀人的行径中感受到乐趣。即便他们目前还没有杀人，等到时机成熟，他们也会疯狂地去杀人。假设，现在给你一个神奇按钮。只要一按下去，世界上所有带有 × 基因的人都会死掉。由于你想要生活在一个没有杀人狂的世界中，所以你想要按这个按钮。但是，你又从科学家那里得知了一份调查报告，报告里说，几乎只有本身就携带 × 基因的人，才会选择按下这个按钮。而你肯定不想死。所以，你到底要不要按这个按钮呢？

从 EDT 的角度看，你不应该按这个按钮。毕竟，你按了后，自己很可能就会死。但从 CDT 的角度看，你要么有 × 基因，要么没有 × 基因。这是出生时就决定的，和现在按不按这个按钮没有关系。所以，你应该按这个按钮。

请想一想

（1）你会只拿乙盒子，还是两个盒子都拿？

（2）你觉得纽康伯问题本身有没有什么问题？如果有，问题出在哪里？如果没有，那为什么两种似乎都很合理的决策方式却导致我们做出不同的决策？

（3）你还能不能设计出更多和纽康伯问题类似的问题？

21

沉没成本与机会成本
如何做出更明智的决策

甲、乙、丙、丁、戊、己、庚7个人各花了100元买电影票，现在正坐在电影院里看电影。电影刚刚播放到一半。

甲对这部电影非常满意，他从电影的上半部分中收获了90点满意值，预期下半部分还将收获90点满意值。于是，他开心地看完了整部电影。

乙也对这部电影非常满意，他也从上半部分中收获了90点满意值。不过，此刻他突然收到意中人的消息，约他一起吃饭。于是他立即走出电影院，去找意中人了。

丙对电影的观感与乙的几乎一样。只是当他收到意中人的邀约时，他觉得电影已经播放到一半了，现在离开电影票也不能退，于是他打算看完电影再去赴约。结果，意中人已经和别人有约了。

丁对这部电影不太满意，他只从上半部分中收获了20点满意值，预期下半部分给他带来的满意值也不会超过20点。他想，自己就算去散散步，听听音乐，刷刷手机，也能在相应的时间里收获至少40点满意值。于是，他立即走出电影院，一边散步一边听音乐，同时用手机查找最近上映的好电影。

戊对电影的观感与丁的几乎一样。但他还是留在了电影院，坚持看完了这部令他不太满意的电影。

己对电影的观感与戊的几乎一样。他也曾想过坚持看完，不要浪费买电影票的钱。不过，电影放映到一半时，意中人突然来消息约他一起吃饭。于是，他也就离开电影院去找意中人了。

庚对电影的观感与己的几乎一样。只是当他收到意中人的约会邀请时，他觉得电影已经播放到一半了，现在离开电影票也不能退。于是他打算看完电影再去赴约。结果，意中人已经和别人有约了。

要想理解这7人的做法，我们需要了解经济学中的2个常

用概念：沉没成本和机会成本。

沉没成本是发生在过去的费用，它是你已经付出的，不可能再挽回的成本。比如，花了 100 元购买电影票，当电影已经上映，票已经不能退时，这 100 元就是沉没成本。就算钱可以找影院经理要回来，但时间之河绝不会倒流。即便你的寿命无限长，你也收不回已经付出的时间。所以，已经用于看电影的时间是沉没成本。

相比沉没成本，机会成本的概念较难理解。**机会成本是可能发生但还没有发生的事情所带来的满意值。**假设你在接下来的一段时间里只能从 A、B、C、D 这 4 件事中选择 1 件去做，而它们给你带来的满意值分别是 40、50、30、70 点。你选择任意 1 件的机会成本，是选择另外 3 件事能带来的最高满意值。比如，你选 A、B、C 的机会成本都是 70，选 D 的机会成本是 50。

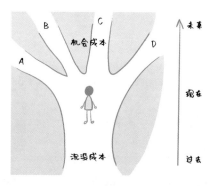

假设我打算花 100 元和 2 个小时看电影，我的机会成本就是花费这 100 元和 2 个小时可以去做的其他事中，让我最满意的那件事带给我的满意值。比如，我可以花 100 元购买很多煎饼果子和可乐，然后找个安静的地方，一边刷手机，一边喝着

可乐吃煎饼果子。或者，假设我此时非常困倦，我花2个小时看电影，就不能将这2个小时用于睡觉了。

经济学家告诉我们，应该忽略沉没成本，别再考虑它了。但是，很多人做不到。比如戊，他明知电影令他不满意，但他割舍不下沉没成本，决定留下来看完电影。而庚更加不理智，他不仅难以割舍沉没成本，甚至还没有考虑机会成本有多大，不清楚自己究竟错过了什么更有价值的东西（与意中人约会）。

为什么许多人无法割舍沉没成本呢？

• • •

一些经济学家会这样解释人们难以割舍沉没成本的原因：

---

1. 割舍沉没成本意味着承认那真的是沉没成本，不割舍沉没成本就意味着保留了它将来还能被挽回的可能性。
2. 承认沉没成本意味着自己曾经做出不明智的选择，而不割舍沉没成本可能还有翻盘的机会。

因此，3. 不应该割舍沉没成本。

经济学家假定的理性人会果断割舍沉没成本，但这对普通人来说非常困难。理性人乐于承认自己曾经做了不明智的选择。而普通人通常都会因为好面子或者过度自信，不愿意承认自己做得不够好。**普通人做不到理性人才能做到的"乐于认错"。**

理性人还会去做机会成本最低的事，也就是选择让自己最满意的选项。实际上，很多人做不到这点。对此，你会如何解释？

●●●

一些经济学家给出这样的解释：

---

1. 要想做机会成本最低的事，需要认识到自己除了当下想到的选项，还有其他的可选的行为，同时能准确评价各个选项的价值，并且有一定的承担风险的能力。

2. 许多人没有足够的信息，不知道自己除了当下这个选项，还能做什么事。

3. 许多人没有足够的知识和技能，不知道如何评价各个选项的价值。

4. 许多人的风险承受能力很弱。对于那些自己不熟悉的可能选项所带来的不确定的价值，人们更偏好自己熟悉的默认选项所带来的更确定的价值，哪怕那些不确定的价值的数学期望值高于更确定的价值。

因此，5. 许多人会因为各种各样的原因，无法选择做机会成本最低的事。

比如，假设甲的意中人也给甲发了信息，但甲把手机调成了静音，没看到信息，那么甲就无法去和意中人约会。甲不知道自己除了看电影，还有什么更好的选项。

丙知道自己除了看电影还存在的好的选项，但丙可能不够自信，认为自己就算去和意中人约会，也不一定有好的结果。丙认为，与其选择约会所带来的不确定的满意值，不如选择电影所带来的确定的满意值。

　　庚的行为更可能是由于无知和无能导致的，他难以正确评价一些事情所带来的满意值。他也许会在经历更多挫折后，痛定思痛，学会如何判断哪些事对自己更重要，哪些事则是不重要的。

请想一想

（1）如何解释许多穷人更愿意把辛苦赚来的钱用来喝酒、上网、娱乐，而不去将这些钱存起来，或者用以学习一项能提升自己收入的职业技能？

（2）如何解释许多情侣虽然对彼此不满意，但依然不分手？如果此时有某人突然提出分手，你认为有可能是什么原因导致的？

（3）你有没有做出过难以割舍沉没成本的事情？或者难以选择机会成本最低的事？你会如何解释你的行为？

第四部分

关于社会与正义的
思想实验

22

铅笔的故事
做一件事情需要几个人

诺贝尔经济学奖得主,米尔顿·弗里德曼非常喜欢引用伦纳德·里德的一篇奇文《我,铅笔》,我们引用弗里德曼的转述:

看看这支铅笔。世界上没有任何人可以仅凭一己之力做出这支铅笔来。你以为我在开玩笑?并不是,我只是在说一个常识。制作它的木头来自美国的树,而砍倒那棵树又需要锯子。制作锯子需要钢铁,而只有挖掘铁矿才能拥有钢铁。至于黑色的笔芯,虽然叫作铅,实际上是石墨,它来自南美洲的矿坑。铅笔尾端的红色橡皮擦来自马来西亚,而马来西亚的橡胶树并不是原本就长在那里的,是英国政府从南美洲进口后种在马来西亚的。还有把橡皮擦和铅笔固定在一起的黄铜,铅笔上的黄漆与黑漆,以及将笔芯和木材粘在一起的胶水。实际上,数以千计的人合力制作了这支铅笔。这些人说着不同的语言,信仰不同的宗教,见面时甚至会打起来。但当你去店里买下这支铅笔时，你实际上是用自己几分钟的劳动成果，换取了这些人每人几秒钟的劳动成果。

世界上没有任何人可以凭笔一己之力做出这支铅笔来

你觉得，在当代社会中，除了铅笔，还有哪些东西的生产需要无数人共同参与？

•••

在当代社会中，想要产出任何一个东西，几乎都需要无数人共同参与才行。

你正在阅读这本书上的文字。而这需要多少人才能实现呢？至少需要我写下这段文字，需要出版社制作成书，还需要一些人将这本书从存放仓库中运送到你的手里。运送需要汽车，而汽车需要行驶在公路上。汽车需要人去生产，公路也需要人去铺。而且，你为了读懂这段文字，还需要有个老师教你识字。我为了写出这段文字，也需要向无数人学习相关知识。而我们为了活着去做这些事情，又需要粮食，粮食也需要人们去生产。

诗人约翰·多恩曾说，没有人是一座孤岛，每个人都是人类的一员。在当代社会，尤其如此。每个人时时刻刻都与无数人联系在一起，而每个人的存在和行动，都是以无数其他人的存在和行动为前提的。这意味着什么呢？

···

---

1. 你之所以能存活，能做你现在正在做的事情，是因为其他许多人也活着，他们曾经做过或正在做一些事情。

因此，2. 如果其他人都死了，或者他们不再做那些事情，那你几乎不可能存活，不可能做你现在正在做的事情。

做任何一件事都需要无数人参与。你可能会觉得这是一个奇迹。的确，在一万多年前，人类还分散在全球各地，过着采集与狩猎的生活时，这样的奇迹很少发生。但当人类定居下来，通过农业和畜牧业来获取食物，并形成更大的聚居规模时，这种奇迹天天都在发生。

如今，在经历了农业革命和工业革命之后，这种奇迹已经成了随处可见的日常。不仅是无数人在配合你创造你正在经历的奇迹，你也在配合无数人创造他们正在经历的奇迹。

比如下面这个场景：

---

1. 你正在阅读这本书上的这段文字。

因此，2. 你是个活人，你有一定的文化水平，能读懂这段文字。你有一定的钱财，能购买这本书。或者你有一些亲朋好友，他们能赠予你这本书。

因此，3.你是一个正在参与社会生活的人。你曾和别
人说话，分享你知道的信息，表露你的感受和态度。
别人也曾对你说话，向你分享他们的思想和情感。
你和其他人互相依赖，共同形成了整个人类社会。

因此，4.作为互相依赖的人类社会的一员，你正在使
用别人创造的东西，别人也正在使用你创造的东西。

在上面这个场景中，4 提到的"东西"不仅包含铅笔、键盘、电脑这样的物品，还包含一切事物。你说出的话也是你创造的东西，这些话被别人听到，就是被别人使用了。你的一举一动也是你创造的东西，这些行为被别人看到，就是别人在看因你而生的视觉图像。

无数人在影响你，你也在影响无数人。这种影响可能是好的，也可能是坏的。如果说巴西的一只蝴蝶扇动翅膀，就能在美国引起一场龙卷风，那么你的一举一动都会给整个人类社会带来无数场龙卷风。有些龙卷风是建设性的，有些是破坏性的，而你无法提前预料你造成的龙卷风出现的时间和地点，也难以预料它们是好风还是坏风。

就拿你正在阅读这段文字为例。阅读需要动脑，动脑会消耗许多能量。然后你会感到饿，想要吃东西。你会去购买食物，而这又创造了对食物的更多需求，导致别人认为生产粮食有利可图，继而导致别人去生产粮食。同时，阅读这段文字可能会让你了解一些知识，引发求知欲和好奇心。比如，你可能会对经济学家米尔顿·弗里德曼产生些许兴趣，想要读一读他的书，或者看一看关于他的视频。由此，你可能建立起对经济学的兴

趣。等你了解经济学后，你可能更擅长做出选择和决策，也更能理解别人的所作所为。

假设你正在用手机上网，你看到某个视频，觉得视频里讲得头头是道。假定视频的内容并非真知灼见，而是一些误导性信息，但你并没有发现。你可能会依照视频里的建议，购买你不需要的商品，养成一些不利于健康的习惯，形成一些偏见。这些偏见又会进一步妨碍你和别人沟通，不利于你与别人形成良好的亲密关系。这些偏见就像是病毒，它还会随着你与别人的交流而传播，让一些"免疫力低下"的人也染上这种偏见。

请想一想

（1）你觉得你的存在和所作所为能给整个人类社会带来的最好的影响是什么？最坏的影响是什么？

（2）假设你想要尽可能多地给整个人类社会带来最好的影响，你觉得自己应该怎么做？

（3）假如有人觉得自己无关紧要，自己不可能会给人类社会带来任何重要的影响，那你会如何回应这个人的想法？

23

平庸之恶
不思考是一种罪恶吗

电影《汉娜·阿伦特》描绘了这位哲学家的思考之旅中的关键片段。她作为《纽约时报》的特派记者，前往耶路撒冷，旁听阿道夫·艾希曼受审。阿道夫·艾希曼是纳粹德国党卫军中校，曾负责将犹太人运到集中营处死。他在第二次世界大战末期被美军俘虏，但又成功逃到了阿根廷，化名生活。1960年，以色列的情报部门将艾希曼运至以色列，于耶路撒冷受审。1961年末，他被判处死刑。

电影中的阿伦特在看到艾希曼，听到他的发言后，感到有些诧异。艾希曼不像是一个大奸大恶之徒，反而像是个循规蹈矩的普通人。他自称对犹太人毫无敌意，只是兢兢业业地完成上级安排的任务，以便升职加薪。阿伦特对艾希曼的行为带来的后果感到困惑。为什么这样一个看起来"人畜无害"的平庸之人，却能带来大屠杀这种惨痛和严重的后果呢？

阿伦特认为，艾希曼的错误在于，他不经思考，就做出了行动。这不是一种罕见的错误。人人都有可能变成艾希曼。当我们身处一个大型组织，我们可能只是想好好地完成自己的工作。然而，虽然我们自己没有任何邪恶的动机，但当我们高效地实现组织的某种罪恶的目标，如屠杀犹太人时，我们就被认为是罪恶的。

这种罪恶并不是极端的恶，不是恶魔式的杀人取乐。这种罪恶是平庸的恶，是一种由不思考导致的恶。因为我们放弃了对于善恶是非的独立判断，放弃了收集全面的信息以做出明智的选择。我们盲目地服从权威的指令，听从上级的安排，并遵守规章制度。我们误以为别人能做出最好的判断，我们只需要听从别人的建议，而自己不需要思考了。

如此看来，并不只有魔鬼才能做出魔鬼的行为，不思考的笨蛋和懒人也可以。

你觉得阿伦特的论证是什么？

•••

假设阿伦特对艾希曼的描述是准确的，那么人人都有可能在特定环境下变成艾希曼那样的人：

1. 每个人都会被周围人影响，接受周围人的想法，不愿或不能独立思考。

2. 如果周围人的想法是合理的、善意的，那么盲从别
   人的我们不会造成什么糟糕的结果。

3. 如果周围人的想法是不合理的、带着恶意的，那么
   盲从别人的我们很可能造成一些糟糕的结果。

4. 周围人的想法，有可能是合理的、带着善意的，也
   有可能是不合理的、带着恶意的。

因此，5. 如果我们不愿或不能独立思考，那么盲从别
   人的我们有可能造成一些糟糕的结果。

这种糟糕的结果可能是轻微的，也可能是严重的。比如，
你想知道现在几点了，朋友开玩笑地告诉你是 10 点，你信以为
真，虽然实际上已经 11 点了。稍后另一位朋友又问你几点了，
你告诉他，现在应该是 10 点多，他相信了。然而，这导致他错
过一个重要的约会。

我们的祖先将他们信以为真的地理学、医学、工程学、化
学、哲学等各个领域的知识写在书中，希望能将这些宝贵的知
识传给后人。然而，如果我们欠缺思考能力，不再去验证书上
的说法是否正确，只知道盲从权威和经典，那么我们可能因吃
了有毒的草药死去，可能因相信了错误的地图而迷失。

如果缺乏独立思考有可能造成严重的糟糕结果，那么为什
么还有人会缺少独立思考的习惯和能力呢？

•••

不去独立思考的人可能会这样想：

---

1. 独立思考需要大量跨学科、跨领域的信息、知识作为

基础，还需要掌握逻辑学和统计学等学科中的技能。

2. 获取这些知识、掌握这些技能是一件非常累的事。

3. 跟随别人的指引，听从别人的建议，服从别人的命令，是非常轻松的事。

4. 做轻松的事比做累的事更好。

因此，5. 比起独立思考，不去独立思考更好。

还可能会这么想：

---

1. 如果我独立思考后，发现最优结果就是别人告诉我的，那么我就白费工夫了。我只要听别人的安排，就能做出最优行为。

2. 如果我独立思考后，发现最优结果并不是别人告诉我的，那么我就会面临两难困境。如果我按最优结果去做，别人可能会不满意。如果我不按最优结果去做，自己就会不满意。

因此，3. 独立思考要么是白费工夫，要么会让自己或别人不满。

请想一想

（1）你觉得有哪些因素造成了人们不愿意或者不能够独立思考？

（2）你是否认同针对不去独立思考的人所给出的两个论证？如果不认同，请给出你的反驳理由。

（3）你是否认为，特定的情境能将普通人变成艾希曼那样做出大屠杀行径的人？为什么？

24

权力的起源
为什么有些人拥有更大的影响力

大概一万年前，人类刚刚从事农业，开始定居生活。那时人口较少，人与人之间没有明显的权力差异，无所谓管理者和被管理者。但是，当部族中的人口渐渐增长，有些人拥有了更大的权力。

在甲部族中，权力最大的人是一位男子，他35岁，身高2米，肌肉发达。他住在最大的房子里，拥有最多的仆从，能指挥最多的人替自己干活。旁人见了他，纷纷低头弯腰，不敢直视。他也非常享受别人对自己的敬畏。除了发号施令，他不会和普通人说话。

在乙部族中，权力最大的也是一位男子，他已经60岁了，身高和体形都是中等。他住在一间普通的房子中，没有仆从。旁人见了他，纷纷走上前来，向他问好，与他握手，询问他是否需要自己帮忙。每当族人们遇到了什么问题，都会向他求教。

他也总是知无不言，言无不尽。

通过上述思想实验，你能发现权力的起源吗？

•••

我们能发现两种不同的权力形成机制。一种是自下而上的，另一种是自上而下的。

自上而下的权力：人们并非自愿接受某个人的领导，而是被迫受其统治。因为此人拥有最强的武力，或者掌握着武装团体的力量。如果人们不接受其管理，就会受到暴力威胁，自己与家人的生命和财产都可能被剥夺。人们不敢看那个人，因为怕被当作威胁而杀害。那个人也从不向其他人传授自己的知识和技能，以免培养潜在的竞争对手。

自下而上的权力：人们自愿接受某个人的领导，因为这个人经验丰富、知识渊博。此人为人公道，善于协调部族成员间的矛盾，能领导部族获取更丰富的食物，抵御外敌。人们并非匍匐于其脚下，不敢仰望其面貌，而是聚拢在其身边，注视着此人，希望学到一些知识和技能。此人也十分乐意让部族的其他人学习自己的知识和技能。

自上而下的权力被叫作**基于力量的权力**，而自下而上的权力则被叫作**基于声望的权力**。在人群或组织中，一个人可以同时拥有这两种权力。比如，在某个编辑部中，主编拥有决定其他人的薪资以及职位的力量，同时人们也认可其才华和品德，所以自愿接受其领导。

组织刚刚建立时，权力往往自下而上地形成。人们因其声望和魅力，自愿团结在第一代领导人身边。而第二代领导之所以是领导，可能只是因为他是第一代领导的亲属，并且掌握了一些力量。无论是商业组织还是其他的组织，权力的形成机制大多如此。

如果一个人拥有的权力是基于力量的权力，他的最佳行为策略是什么呢？

•••

他可能会这么想：

1. 力量和身高类似，是个人的属性。力量强大者武力值高，或者掌握了一些能控制其他人的秘密信息，所以才拥有基于力量的权力。力量强大者的力量不依赖其他人的认可就能独立存在。

2. 扩大力量的最佳方式，就是提升武力值，或者掌握更多的能控制其他人的秘密信息。同时，还需要降

低潜在竞争对手的武力值，防止其他人获取可能威
胁到自己的知识、技能等信息。

因此，3. 如果我想要保有甚至扩大自己的权力，那么
我就要在不断学习和锻炼的同时，妨碍其他人学习
和锻炼。

如果一个人拥有的权力是基于声望的权力，他的最佳行为
策略又是什么呢？

...

此时，他可能会这么想：

---

1. 声望和身高不同。不是个人的属性，而是个人与其
他人之间的关系。高声望者因为形成了一种自己与
其他人的特定关系，才成为高声望者。如果没有其
他人的认可，声望就无从谈起。

2. 扩大声望的最佳方式，就是将自己的经验、技能、
知识分享给其他人，帮助其他人解决难题，赢得其
他人的信赖、认可、尊重、敬佩。

因此，3. 如果我想要保有甚至扩大自己的权力，那么
我就要不断去发挥自己的才能帮助其他人，和其他
人形成某种特定的关系。

如果你觉得"权力"这个词很碍眼，也可以将之替换成"影
响力"。高权力者就是高影响力者，也就是能让其他人按照自己

的意愿行动的人。凡是有人的地方，有人际影响的地方，就有权力的身影。

请想一想

（1）你认为，在这两种权力之外，还有没有其他类型的权力？

（2）你拥有的权力，主要是基于力量的，还是基于声望的？

（3）如果你想要增强自己的权力或影响力，你会怎么做？

25

文化资源
有钱人为什么有钱

　　"丧尸"危机爆发后，大部分人都成了吃人的行尸走肉，少数人躲在避难区里艰难求生。张三、李四、王五三人，历尽千辛万苦，终于分别抵达了一个约 3 000 人的避难区——一座有着坚固围墙的小镇。

　　张三是个有先见之明的小企业家。他知道在丧尸危机下货币已经毫无价值，罐头食品、压缩饼干、净水器滤芯、抗生素等物品则很有价值。于是，他会在现金失效之前，尽可能多地购买这些物品。抵达庇护所时，他带着一大卡车的物资。他用一些罐头买下镇中心的一栋房子，并赠送邻居一些滤水器材，来和邻居搞好关系。在邻居的介绍下，张三结识了避难区里的一位医生，他送给医生许多抗生素，甚至成了医生的学徒，并以此谋生。

　　李四比张三晚一个月抵达避难区，两手空空。他是张三的老同学，张三帮助他安顿了下来，找了份清洁工的工作。李四很擅长与人打交道，也很喜欢与人交朋友。久而久之，李四有了许多熟人和朋友，成了小有名气的"万事通"与"和事佬"。自此，他也算是解决了生存问题。

王五与李四同一天抵达避难区。除了身上的衣服，他只带了一箱书。在这里，他不认识任何人。他曾是大学教授、国际象棋大师，还是童书作家。现在，他只能和李四一起做清洁工，而且面临随时可能被人取代的威胁。虽然李四是个热心肠的人，但在得知王五曾是哲学教授后，也无法为其处境做些什么。众所周知，哲学教授在这里基本没有任何用处。

有一天，张三来找李四聊天，三人坐在一起回忆往事。此时，张三和李四才知道，王五还有个心理学硕士学位，专攻心理治疗方向。诊所里总是有抑郁症、焦虑症、恐惧症以及创伤后应激障碍患者前来求助。通过张三的介绍，王五到诊所从事心理治疗工作，也解决了谋生问题。

从张三、李四和王五的故事中，你看出有钱人之所以有钱的原因了吗？

•••

在惯常的社会中，货币、证券、黄金、房产等是最常见的经济资源。在特殊情况下，人们急需的物资也可以充当经济资源，比如丧尸危机下的压缩饼干。

除了经济资源，人与人之间的社会关系也可以算作资源，即社会资源。李四有张三这位朋友，就比王五拥有更多的社会资源。在避难区待的日子久了，李四甚至比最早来的张三积累了更多的人脉，拥有最多的社会资源。依靠这些社会资源，李四能帮忙降低社会网络中的信息不对称，积累起更多的经济资源和文化资源。

张三将现金转换成了其他经济资源，也就是物资。他又用这些经济资源换到了社会资源，也就是一些友好的邻居和一位医生朋友。他从医生那里学到医学知识和技能，这些知识和技能便是文化资源。而文化是可习得的行为模式，当张三在具备医生的行为模式后，就能为他人提供医疗服务，从他人那里获取经济资源。

在丧尸危机爆发前，王五有大量文化资源。现在，他的许多知识和技能不再被人需要。至少当下，人们不需要欣赏国际象棋比赛，不需要阅读童书，更不需要思考哲学问题。幸运的是，王五认识了李四和张三，多积累了一点点社会资源。同时，他还具备心理治疗的本事，这一文化资源帮助他找到了一份谋生的工作。

经济资源、社会资源、文化资源这三类资源可以互相转换。普通人最关心经济资源，因为它的"转换性能"最强。虽然人们常说钱买不到朋友，但钱的确可以买到结识新朋友的机会。一些小企业家支付昂贵的学费来学习企业管理课程，主要目的不是提升自己管理企业的能力，而是认识更多企业家同学，促成合作。

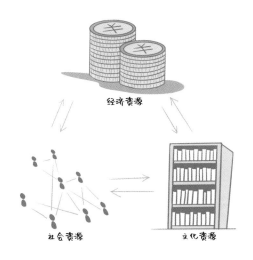

钱不是万能的，但没有钱是万万不能的。其实，没有社会资源也是万万不能的。俗话说，在家靠父母，出门靠朋友。你的亲戚、朋友、熟人不仅能给你提供情感支持，还能给你提供信息支持，让你获得更多择偶机会、工作机会。

在三种不同的资源中，文化资源最容易被忽视。它有三种不同的储存方式，最显而易见的方式存在于人的头脑里，布尔迪厄称之为具身化的文化资源。我们从小到大，从父母、老师、同伴、文化大环境中吸收的信息，都将变成头脑中的神经网络结构。有了这些知识和技能，我们就能完成更多的工作，获得更高的收入。

文化资源还可以储存在具体的物件中，这就是客体化的文化资源。比如，书本、唱片、画作、仪器，等等。书本只是装订在一起的印了字的几百页纸，它的价值主要来自它凝结的文化资源，而不是纸的价值。

文化资源如果储存在整个社会中，就形成了制度化的文化资源。文凭、职业资格证书等劳动市场中被广泛认可的"文化凭证"就是文化资源的体现，劳动力购买者可以通过这些标志，来判断那些试图出售文化资源的人的能力和劳动价值。

文化资源不仅能帮我们积累经济资源和社会资源，它还是特定审美活动和娱乐活动的前提条件。我只会汉语和英语，不懂其他语言，因此对我来说，美剧和英剧就比日剧、韩剧等电视节目更有趣。因为我可以直接听懂他们的话，不用分出精力去阅读字幕。

文化资源也是一些人划分阶层的标志之一。在经济高速发展的时期，一些人通过各种各样的手段，迅速积累起大量经济资源。但这些人的文化资源持有量依然很低，他们的娱乐活动和审美活动，可能会被"城里人"斥为"低俗"。有些人则相反，他们通过读书、做学问、搞艺术等方式，积累了大量文化资源，但这些文化资源尚且没有成功转化为经济资源。于是，他们更偏好不太花钱的"高雅"活动，比如文艺演出、展览、读书会、学术讲座等。

延用制度性实体和物理性实体的区分，我们会发现所有的资源都不是物理性实体，现金或黄金的价值依赖于人们对它们价值的认可。如果没人认为你有朋友，也不把你当朋友，那么你也就没有社会资源。文化资源更是依赖于人们的认可，比如在一个摇滚乐文化社群中，民族音乐这种文化可能毫无价值。在一个崇尚电子竞技的文化中，足球技能同样毫无价值。

如此一来，占有不同资源的人会做出不同的行为。你认为拥有特定经济资源的人会怎么做？

•••

---

1. 人们希望自己手头上的黄金、珠宝、证券、房产、虚拟货币等的价值不断上升。
2. 相信某个东西有价值的人越多，这个东西就越有价值。

因此，3. 这些人会不断说服他人，让他人也相信这些东西有价值。

你认为拥有一定社会资源的人会怎么做？

•••

---

1. 人们希望自己拥有更多的社会资源。
2. 人们能在自己的社交网络中获取的资源越多，自己的社会资源就越多。

因此，3. 人们会试着结交更多新朋友，也会帮助老朋友获得更高的社会经济地位。并且，人们不会轻易搬家、换工作，因为那意味着需要重新积累社会资源。

你认为拥有一定文化资源的人会怎么做？

•••

---

1. 人们希望拥有更多的文化资源。

2. 认可某一种文化的人越多，这种文化就越有价值。

因此，3. 人们会不断习得并积累自己认为广受欢迎的
文化，并在相应的文化圈中不断提升自己的地位，
同时尽可能少地走出自己的文化圈。如有机会，人
们也会试图让他人加入自己所属的文化圈，为文化
圈吸纳新鲜血液。

请想一想

（1）你具有哪些经济资源、社会资源和文化资源？你打算如何增
加你的资源？

（2）你认为欠缺特定资源的人会怎么做？他们是会努力获取那些
资源，弥补自身的不足，还是会认为那些资源没有价值，根
本不算资源？

（3）假设真的爆发了丧尸危机，根据你拥有的资源情况，你会做
出哪些行动？

26

无知之幕
什么样的社会制度才是公正的

有一个大蛋糕要切分给 10 个人。每个人都不希望自己分到的蛋糕比别人的小。因此，每个人都不希望让某人掌握切分蛋糕的权力。如果一个人有权力分配资源，那么这个人很可能抵挡不住权力的诱惑，把更多的资源分配给自己。

不过，这 10 个人很聪明，他们想出一个办法：切蛋糕的人最后选蛋糕。他们认为，在这种制度下，谁切蛋糕都无所谓，最终结果一定很公平。你觉得为什么这种制度能保证公平？

•••

他们的思路是这样的：

---

1. 最后选蛋糕的人，最有可能得到别人选剩下的最小的蛋糕，而这是最糟糕的情况。

因此，2. 如果切蛋糕的人最后选蛋糕，那么他最有可

　　能陷入最糟糕的情况。

3. 每个人都不希望自己陷入最糟糕的情况，切蛋糕的
　　人也不例外。

4. 切蛋糕的人为了避免陷入最糟糕的情况，应该在切
　　蛋糕时，尽可能让每一块蛋糕都同样大，或者都同
　　样小。

因此，5. "切蛋糕的人最后选蛋糕"这种制度，可以形
　　成每块蛋糕的尺寸都几乎一样的公平局面。

　　让我们把切蛋糕的思想实验做一些改动，变成设计一整套
社会制度：

　　现在，你要降生于某一个社会。你不知道你具体会在什么
样的家庭里出生，也不知道你的生理属性是什么样的。

　　你可能是男性，可能是女性，也可能生理性别与心理性别
不同，或者其他各种情况。

　　你可能貌美如花，可能相貌丑陋，也可能模样普通。

　　你可能智力超群，可能智力发育迟缓，也可能普普通通。

　　你可能身高体壮，可能身材矮小，也过度肥胖，或者过度
瘦削。

　　你可能出生于首富之家，也可能出生于贫困之家；可能出
生于某个信徒的家庭；可能出生于无神论者的家庭；可能出生
于商人之家，也可能出生于学者之家，或者出生于工人之家、
农民之家。

你不知道你出生后会是什么情况。但是，现在给你一项特权，让你自行设计那个社会的社会制度。

这里的"社会制度"是非常广义的，包括立法、司法、行政、经济、教育等方方面面。只要是你能想到的，你都可以去设计。

你会怎么设计这个社会制度呢？

上述思想实验中的设定，相当于让你在投胎之前，戴上了一个面纱。面纱遮住了你的眼睛，使你看不到出生之后的情况。这个面纱就叫"无知之幕"，是哲学家约翰·罗尔斯等人的贡献。

让我们一起来设计出
公正的社会制度

一般认为，知道更多信息可以帮助我们做出更好的判断和决策。但"无知之幕"却恰恰相反，它刻意让你不知道一些信息。这种无知是有利而无害的，无知的你更可能设计出一个更公平的社会制度。这是为什么呢？

•••

1. 戴上无知之幕后，你不知道自己的具体特征，不了解自己可能处于社会中的什么位置。

因此，2. 你有可能成为某个社会最底层的人，在那套社会制度的评价体系里，处于最弱势的状态。比如，你可能成为奴隶制社会中的奴隶，或者父权制社会中的女性，或者反智主义社会中的高学历者。

3. 如果你有可能成为社会最底层的人，并且你有设计一个社会制度的能力，那么你会设计出一个让社会中过得最不好的底层人也过得最好的社会制度。这又叫"最大最小原则"，最大化最底层人的生活水平。这是一种尽可能规避风险、提高下限的做法。

因此，4. 一种能让最底层的人也过得最好的社会制度，才是人们都愿意接受的公正的社会制度。

这个论证并没有具体说哪一种制度是公正的。它只是给出了一种设计公正的社会制度所需的过程和方法。根据这种方法，你觉得你当下身处的社会，它是公平的吗？

•••

如果你的答案是"我身处的社会很公平"，那么，你很可能观察得不够仔细，思考得不够透彻。

当今地球上的每一个地方不可能是完全公平的，你会发现社会中存在着一些因不公平的制度而产生的弱势群体。

只要你戴上"无知之幕"，蒙住自己的双眼，假设自己也有可能成为某个弱势群体中的一员。那么，你就会尽可能地把社会设计成一个没有弱势群体的社会。

你认为什么样的群体算是弱势群体？

•••

这里所说的"弱势群体"并不是指一切有着不幸遭遇的人

群，比如被关押在监狱的抢劫犯，因抽烟而患有肺癌的人。这些人是不幸的，但他们的不幸是由他们自己的行为导致的，可以说他们是自作自受。但如果你的不幸不是自己导致的，而是一个不公平的社会制度导致的，那么你就可能是弱势群体。

对于这种不公平的局面，并没有一劳永逸的解决方案。毕竟，设计社会制度不像切蛋糕这么简单。自一万年前，人类因农业革命而数量剧增，并形成了稳定的定居社会后，社会制度一直在不断改变。我们现在所能做的，就是站在前人的基础上，不断改善社会制度。让它尽可能接近一个**人人在不知道自己出生后会是什么样子的情况下，也愿意降生于这个社会中的理想社会**。

请想一想

（1）请你去观察一下你所处的现实社会，大致描述一下你所处的社会是什么样子？

（2）戴上无知之幕，闭着眼睛去设想一个你希望的理想社会的样子。

（3）仔细想想，你认为的现实社会和你设想的理想社会这两者之间，有哪些具体的差异？

27

博弈论
如何设计更好的社会制度

在一个图书馆中，有些人在大声说话，影响了其他人阅读。可是，几乎没人去阻止他们。有位读者曾多次上前让他们不要说话了，可是他们依然说个不停。最终，这位读者只能换一个远离这些人的地方阅读。

这种现象在生活中并不少见。许多人的正当权益正在受损害，却几乎没有人站出来制止损害大家利益的人。久而久之，那些人更加只图自己方便，越发不考虑其他人的感受，甚至会因为损人利己的行为没有受到惩罚而变本加厉。

你认为，没有受过经济学训练的普通人，会如何解释这种现象？

•••

普通人看到这个场景，可能会认为，大多数人本性懦弱和胆小，不敢站出来维护秩序。而自私自利的人欺软怕硬，毫不在乎公平、正义和秩序。但受过经济学训练的人，会从这个小场景中看到不一样的东西。

我们从博弈论的角度思考一下这个问题。博弈论是一种描述人类行为的数学模型，它假定每个人都会根据参与博弈的人可能做出的行为方案及其收益，选择一个最有利于自己的行为方案。博弈又叫作赛局或游戏，参与博弈者叫作玩家。

在图书馆的博弈中，参与者就是普通读者。假定，很多人在图书馆安静地阅读，可以获得10点满意值。现在有个人大声喧哗，使得其他人的满意值都下降了。假定因这个人产生的噪声对其他人的损害都是一样的，且不会主动停止。如果人们都不去阻止大声说话的人，那其他人的阅读体验都会下降，满意值由10点下降到5点。

如果有人去阻止大声说话的人，那阻止者就要付出代价。时间和精力是显而易见的代价。阻止者还可能与说话者产生争执，可能是口头上的，也可能是肢体上的冲突，而这些冲突都会降低满意值。所以，我们假定，如果有人选择阻止，那么这个人的满意值就会变成1点，而其他人的满意值则会恢复成10点（见图4-1）。

图4-1叫作博弈矩阵。图中有数字的格子，逗号左边的数字是阻止或放任的情况下甲的满意值，右边则是乙的满意值。比如，如果甲选择放任，而乙选择阻止，那么甲的满意值为10，乙的满意值为1。

在这个博弈中，有一个"均衡点"。所谓均衡点，是指大家在阻止或放任的情况下，一般不会再变动。因为，一旦自己变动，很可能导致自己的利益受损。这个博弈中的均衡点就是双方都选择放任，此时他们都获得5点满意值。

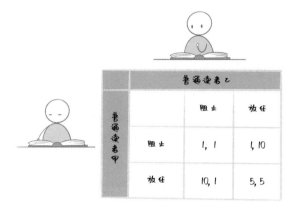

图 4-1   普通读者之间的博弈矩阵 1

　　在许多涉及公共利益的场景中，也有类似的博弈。大家都不想要交税修路或者建医院，因为只要别人交了税，自己即使不付出，也能享受道路和医院带来的福利。有人抢劫，让别人挺身而出就好了，反正我们不付出任何成本也能享受到别人制止强盗带来的满意值。

　　那么，我们要怎么做才能改变局面，打破这个均衡呢？

•••

　　从博弈矩阵上看，我们可以提高选择阻止的玩家的满意值。比如，图书馆贴出告示，凡是阻止高声喧哗者，奖励 50 元现金。假定选择阻止的满意值会由 1 点提升到 6 点（见图 4-2）。

　　我们还可以增加放任这一选择带来的坏处。比如，一旦有人大声喧哗，图书馆工作人员就给他高音喇叭，让噪声变得让人难以忍受。假定大家都选择放任，满意值会变成 "-10，-10"（见图 4-3）。

　　在上述两种情况下，"双方都选择放任"就不再是均衡点了。

在这两个新的博弈中，均衡点都有两个，就是一个人选择阻止而另一个人选择放任。不过，正是由于均衡点有两个，而选择放任的那个人依然会"占便宜"，所以人们还是可能等着别人去阻止，自己选择放任。

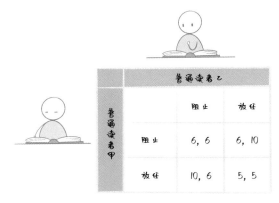

图 4-2　普通读者之间的博弈矩阵 2

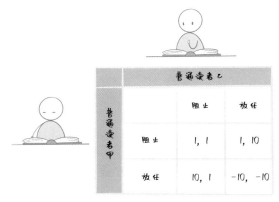

图 4-3　普通读者之间的博弈矩阵 3

所以，放大玩家们选择阻止带来的好处，或者放大玩家们

选择放任带来的坏处，这两种措施都不够好。有没有什么更好
的解决方案呢？

•••

　　一个更好的方案，是引入新的玩家。一旦有人高声喧哗，
就由专门的工作人员去阻止。如果工作人员不阻止，那么这家
图书馆的声誉就会变差，没人来阅读，工作人员就可能会失业，
其满意值变成 –100。如果工作人员去阻止，则会消除噪声，维
护图书馆的声誉，也保住了工作人员自己稳定的工作，此时其
满意值变成 100。但是，阻止者要付出 9 点满意值作为代价（见
图 4-4）。

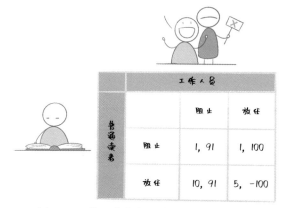

图 4-4　普通读者与工作人员的博弈矩阵

　　在这个新的博弈中，均衡点变成了读者选择放任，工作
人员选择阻止。读者的满意值是 10 点，工作人员的满意值是
91 点。

　　这个故事告诉我们，与其责备人们的"自私自利"，不如利

用人们倾向于最大化自身满意值的行为规律，设计出更好的社会制度。更好的制度能让大家实现满意值的最大化。在这个图书馆里，我们要做的不是责怪普通读者没有勇气去制止别人发出噪声，而是要责怪图书馆没有制定好完善的相关制度，没能雇用一个其满意值与图书馆的声誉息息相关的工作人员。

请想一想

（1）你认为所有人都是"自私自利"的吗？

（2）亚当·斯密在《国富论》中提到，即便每个人都只出于自利的目的进行自由贸易，整个社会也会变得更好。你是否认同他的说法？

（3）你认为，在图书馆以及类似的场景中，有没有什么制度上的方法，来实现更好的均衡？

28

古德哈特定律
如何避免手段变成目的

在 A 镇有一家医院，平日接诊的病人不多，急救车只有两辆。后来，政府要对每家医院打分和评级，便设计了一整套医院评价标准。比如，急救车从接到电话到出发的时间越短越好，病人的治愈率越高越好，病人的排队时间越短越好。

有了这套评价标准后，医院的情况就和往常大不相同了。急救车不再停在停车场里，而是停在路边，方便随时出发。难以治愈的病人，医院一律不接，而是劝病人去其他的医院。就诊也实施了预约制度，没有提前预约的，无法在医院里排队就诊，只能在医院外面等候。因为在医院里排队是要算排队时间的，而在医院外面则不算。

过了一段时间，医院评分越来越高，级别也从三星级医院提升到了五星级医院。然而，镇上的居民却对医院越来越不满意。

为什么在引入一套评价标准后，医院的评分变高了，但居民对医院却越来越不满意了？

∙∙∙

经济学家查尔斯·古德哈特提出了一个有趣的规律：**当一项测量手段本身成了目标时，它就不再是一个好的测量手段**。

大家体会最深的例子可能就是应试教育。理论上，学校的目标是提升学生的学习能力，而考试是测量手段，用来测量学生的学习成绩。但是，中考、高考等考试受到了高度重视，使得这些测量手段本身成了目标。于是，学校会想办法取得最好的测量结果，也就是提升学生的考试分数。

提升考试分数的最佳方式莫过于反复练习考试题目。刚开始，学生反复做题，有助于学生掌握题目考查的知识和技能。但时间长了，做题熟练度的提升就不再能提升学习能力和增加学习成果了。此时，每多投入 1 小时用以提升考试成绩，其机会成本就是我们不能用这 1 小时来提升学习成绩。到了这个阶段，考试成绩不再能反映学习成绩，就像医院评分不再能反映医院的治疗与服务水平。

---

1. 有些情况下，提升测量手段上的表现，并不一定有

助于提升测量对象的表现。

2.在这些情况下，当测量手段本身成了目标，人们会
优先提升测量结果，而不是提升测量对象的质量。

因此，3.有些情况下，当测量手段本身成了目标时，
它就不再是一个好的测量手段。

古德哈特定律给我们的启示是什么？

•••

凡是有测量的地方，都可能出现测量手段的滥用。

搜索引擎有一个排名标准。当一些人希望某个网址的排名
更靠前时，他们就可以利用这个标准。典型的例子是购物软件
上的许多商品的名字都特别长，包含各种关键词。特别长的商
品名字不利于消费者了解这个商品，但有助于商品更容易被搜
索到。

相亲时，人们会根据对方使用的物品来测量对方的经济实
力。但是，当这一测量手段本身成为目标时，被测量者就可能
会购买豪车钥匙作为装饰品，以期望在不改变测量对象的情况
下在测量手段上获得高分。

有没有什么办法，可以避免测量手段本身变成目标呢？

•••

一种办法是，不让人们知道那个测量手段是什么。漫画
《火影忍者》里有一场忍者考试，看似是做试卷，实际上考的是
如何不露声色地抄其他人的答案。表面上考的是理论知识，其
实是考情报窃取能力。

如果人们不知道测量手段，那么自然也无法滥用测量手段。但是，这种方法并不治本。因为测量手段很难完全保密。你觉得还有什么更好的办法吗？

•••

假设想要测量的对象是"实力"，测量手段是"分数"。为了防止人们滥用测量手段，最根本的办法，就是让人们认为提升实力就是提升分数的最低成本方案。

举个例子，我想要测量学生的批判性思维水平。为此，我打算通过笔试加面试的方式对学生评分。笔试是写论证性的文章，面试则是与学生展开苏格拉底式对话。

理论上，一个批判性思维水平很低的人，可以通过作弊和伪装的方式，滥用这种测量手段，假装能写出优质的论证性文章，假装能给出高质量的对话，假装自己很擅长思考。实际上，这种情况几乎不可能出现。因为"假装自己很擅长思考"这项任务，本身就是一项对"思考水平"要求极高的任务。

事实上，你现在就处于一场考验你的思考水平的笔试和面试中。作家约翰·格林在《世界历史速成班：农业革命》这一课程节目开头说的一段话，恰好准确地描述了你的经历。

这项考试的目的是检验你是不是一名见多识广、勤奋并有所作为的世界公民。考试将在学校、酒吧、医院、宿舍、教堂进行。考试时间是在你第一次约会时，工作面试时，看足球赛时，刷微博时。考试会考查你思考严肃知识而不是八卦新闻的能力，考查你是否能将自己的生活和自己所处的社会放在世界历史的大背景下思考。考试时长是你的一辈子，由几百万个选择题组成，这些选择与决定组合在一起时，就形成了你独特的人生。考试内容包含一切。

这场名为"人生"的考试允许你利用一切资源。一般的考场不允许考生交头接耳，但在这场持续终生的考试中，社会并不禁止你和更多的考生一起合作答题，反而鼓励你去寻找更多愿意和你一起合作答题的朋友。

请想一想

（1）你认为，那些和你身处同一考场的其他考生，是你的竞争对手，还是你的合作伙伴？

（2）你认为，以什么样的态度来面对这场考试以及其他考生，才能帮助你在这场持续终生的开放式考试中取得满意的成绩呢？

（3）假设你想要考查某个人是否适合作为你的配偶，你会使用什么样的不太可能被滥用的测量手段？

第五部分

关于逻辑、概率与知识的思想实验

29

范畴错误
哪些东西有哪些特征和关系

　　小明带小强去北京大学参观。从东门进校，小强一路上看到了教学楼、图书馆、食堂、体育场、学生宿舍，以及一些景点。等逛了一遍学校之后，小强问："你带我看了这么多建筑物，那么大学在哪里呢？"

　　小明还带着小强去看了篮球队的训练。小明指着几位同学说："那是负责打前锋的，另一个是打后卫的，还有一个是打中锋的。"小强问小明："我听说团队协作非常重要，那么谁是打团队协作的呢？"

　　小强提出的问题听起来很荒谬，这暴露了他思维中的错误。那么，小强犯了什么错误？

•••

　　小强误以为"大学"是一栋类似教学楼的建筑物，同时误以为团队协作是像前锋或后卫一样的球员在篮球场上的位置。

哲学家吉尔伯特·赖尔将小强犯的这种错误，称为范畴错误。

下面这些句子也都犯了范畴错误：

（1）绿色睡着了。

（2）偶数很美味。

（3）儿童节躺在声音上。

所谓范畴错误，从语言学上看，就是将不适用于一些主词的谓词，强硬地加到这个主词之上。当我们说"S 是 P"时，S 就是主词，P 就是谓词。"是"是一个连词，它可以不出现。

在上述句子中，"绿色睡着了"可以看作"绿色是睡着了的东西"的简略形式。但是，主词"绿色"既不可以被描述为"睡着了"，又不可以被描述为"没睡着"。因为绿色是一种颜色，没有睡眠这一状态。同理，偶数是抽象的概念，不可以吃，自然也就无所谓美味与否了。

多个主词可以搭配同一个谓词，此时的谓词表示多个东西之间的关系。在"A 和 B 之间有 × 关系"这种说法中，A 和 B 是主词，× 是谓词。"儿童节躺在声音上"表示"儿童节与声音之间有着前者躺在后者之上的关系"。但是，儿童节没有躯体，声音也不是那种可以被躺的承载物。所以，这句话也犯了范畴错误。

事实上，绝大多数人都不会犯刚刚提到的范畴错误，但这并不意味着范畴错误是很容易避免的。你能从下列句子中，找出范畴错误吗？

（1）美国不同意道歉。

（2）美国在墨西哥的北边。

（3）病毒十分邪恶。

（4）病毒有蛋白质外壳。

（5）你在损害我的自由。

（6）你在损害我的口腔黏膜。

（7）"妈妈"这个概念是真的。

（8）"我是你妈妈"这个命题是真的。

（9）"我是你妈妈，因此你要听我的"这个论证是真的。

···

对比（1）和（2），不难发现，当我们说"美国不同意道歉"时，我们不太可能说"墨西哥北边的那块土地不同意道歉"。因为土地不会说话，因此也就不可能道歉。所以，当我们说"美国不同意道歉"时，为了避免范畴错误，我们必须想清楚自己究竟想要表达什么意思。是所有美国人不同意道歉，是美国总统不同意道歉，还是美国的8名最高法院大法官中有6名不同意道歉？

同理。当我们说"张三很邪恶"时，我们大概清楚自己想说什么。但是，当我们说"病毒十分邪恶"时，我们就得想想这是不是范畴错误了。毕竟，病毒就像一种结构简单的机器，没有任何"动机"，好比我们总不能说"冰箱很邪恶"吧？

再想想口腔黏膜，它是物理性实体，有它的结构和功能。所以，当口腔黏膜的结构出现破损、功能出现故障时，我们就可以清楚地判断，此时"口腔黏膜被损害了"这个命题为真。而"自由"并不是一个物理性实体，我们比较难判断它是否被损害了。我们是否可以说"地球的引力损害了我跳2米高的自由"呢？毕竟，如果在月球，我也许可以自由地跳到2米高。

最后三个例子很重要。（7）和（9）犯了范畴错误，（8）并没有。因为命题可以是真的，也可以是假的。但是，组成命题的单个概念，它们没有真假之分。我们只能说"这个概念的意义很精确"，而不能说"这个概念为真"。我们也只能说"这个论证是不可靠的"，而不能说"这个论证为假"。

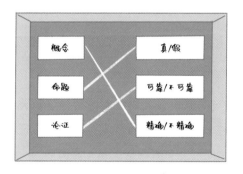

人们最常犯的范畴错误，就是用只能描述具体性对象的词来描述抽象性对象，比如将只能用来形容人的谓词，用来形容一些不是人的东西。你能想到一些例子吗？

•••

人可以出生，可以死亡，可以有七情六欲，还可以做出深思熟虑的判断。但在同一个意义上，某个组织并不会出生和死亡，也没有任何情感和想法。小强可能会感到开心，但北京大学不会感到开心。你可能会后悔，但美国不会后悔。人可以睡觉，可以喝咖啡，但偶数、绿色、英国不会睡觉和喝咖啡。人还可以行善或作恶，但洗衣机或玫瑰花既不行善也不作恶。一个人可能是乐观开朗的，但一幅画不会是乐观开朗的。

范畴错误并不罕见。你觉得我们应该怎么避免范畴错误？

* * *

　　为了避免范畴错误，我们需要清楚地认识到这个世界上存在哪些东西（主词），这些东西可能有着哪些特征（谓词），这些东西（主词）之间可能有着哪些关系（谓词）。

　　比如，我们说"这块盾牌是坚固的"，那么就暗示了这个世界上存在着"盾牌"这种东西，并且这个东西可以有"坚固"这一特征。我们也可以说"那支长矛刺不穿这块盾牌"，那么"那支长矛"和"这块盾牌"都是存在着的东西，它们之间有"前者刺不穿后者"这种关系。但是，当我们说"这个团队是坚固的"时，我们要知道，就算"团队"真的是一个存在着的东西，而且这个东西真的有"坚固"这一特征，团队的坚固和盾牌的坚固也并不是同一种坚固。

范畴错误不单单是一种语言错误。我们不是因为不善于遣词造句而犯下这种错误，而是因为思考得不够透彻才犯下这种错误。所以，范畴错误是一种思维错误。

要想避免范畴错误，我们需要的不只是语文老师，还有逻辑学老师。因为逻辑学老师会给予我们两件法宝：一是敏锐的心智，二是经过训练的头脑。"敏锐的心智"指的是重视符号的意义是否精确，而"经过训练的头脑"指的是有能力将不够精确的符号改写成足够精确的符号。

请想一想

（1）列举若干个经常出现在你日常生活中的范畴错误。

（2）你认为人们为什么会犯那些范畴错误？

（3）你觉得你有什么办法让人们意识到那是一种范畴错误，并不再犯错吗？

30

编程与做哲学
程序员与哲学家有什么相似之处

一位哲学教授想要让讲台下的学生们清楚地认识哲学研究的特色与价值。他在哲学史中苦苦寻找有趣的案例。但他发现，无论是讲柏拉图、康德还是维特根斯坦，学生们都兴味索然。

原来，这些学生是计算机系的，他们选修哲学只是为了凑学分。他们觉得哲学太抽象了，不是他们想要学习的务实的学问。于是，哲学教授找到计算机系的教授，经过一番交流，他终于找到了一个合适的案例。

教授："同学们，假设你们在一家制作手机游戏产品的公司工作。工作内容是通过编写代码实现游戏设计师想要的效果。现在，设计师希望在游戏的三周年庆典上，给所有的老玩家发一封感谢信，并赠送1 000点虚拟货币。同时也给新玩家发感谢信，但是送的货币为800点。你们打算怎么实现这些功能？"

学生们纷纷有了兴趣。他们进行了一番探讨，然后选出代表回答："老师，我们认为，首先需要界定'老玩家'和'新玩家'。

根据注册时间，我们可以将前两年注册的账号当作老玩家，之后注册的是新玩家。考虑到有机器批量注册的账号，我们还需要设定，在线总时长不低于10分钟，才能算有效玩家账号。区分了老玩家、新玩家和无效账号之后，我们就将感谢信的文案发送到玩家的邮箱，并且设置在玩家点击"确认收取"后，服务器就会自动修改对应账号的数据，增加相应的虚拟货币数额。"

教授听了，满意地说："同学们，你们现在就是在做哲学。哲学，就是试图理清楚，当我们在谈论某个东西时，我们究竟在谈论什么。而你们现在正在做这件事，试图理清楚我们谈论'老玩家''新玩家''虚拟货币'时，究竟在谈论什么。"

学生们听了，好像明白了些什么，但也有了更多的困惑。教授继续说："当然，哲学并不是去理清楚'老玩家''新玩家'这样简单的概念。哲学家们试图理清楚一些更基本的概念，如知识、概率、科学、语言、心智、道德、幸福、意义、价值、美丽等——就像你们澄清'老玩家'和'新玩家'这两个概念之后，就能更好地实现设计师想要的效果。在将这些基本概念理得更清楚之后，再一次面对需要思考的相关问题时，你们就更可能提出明智的问题，给出明智的回答。"

有位学生问："老师，我有个问题。大多数人都没有学过哲学，但人们在思考涉及你刚刚提到的那些基本概念的问题时，好像也不会犯什么错误。我之前就没学过哲学，但我觉得我已经搞明白概率、科学、价值、美丽等概念了。而且，我是从科学中了解的，和哲学也没什么关系。所以我很困惑，哲学研究到底有什么用呢？"

教授露出满意的笑容，他说："我反过来问问你。很多人都知道'老玩家'和'新玩家'是什么意思，为什么还需要你们来界定'老玩家'和'新玩家'呢？"

那位学生立即回答道："很多人对'老玩家'和'新玩家'只是有个模糊的概念，不能精确地界定这两者。"

教授又问："但是，就算很多人只是有个模糊的概念，在日常生活中，似乎已经够用了啊。没必要像你们这么精确吧？"

那位学生说："在日常生活中够用，但写程序的时候不够用。写程序时要用计算机能理解的逻辑严谨的概念才行。"

教授接着说："你说得没错。很多人不需要精确地使用每一个基本概念，但一些专业领域的人是需要精确地使用一些概念的。所以，当代哲学家的论文和著作，普通人不一定能读懂，读懂之后也不一定有什么收获。但是，对于相关领域的专业人士，比如数学家、计算机科学家、物理学家、生物学家、社会学家、经济学家、语言学家等，他们也许会发现，一些哲学家的研究成果对自己领域的专业研究有很大的帮助。"

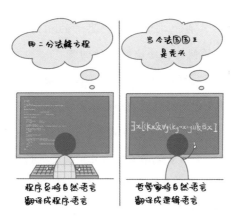

教授是如何论证哲学和编程之间的相似性的？

•••

我们可以这样概括教授的看法：

---

1. 编写计算机程序以实现某些特定的功能，需要将一些以不精确的自然语言表述的思想，以计算机可以理解的精确的概念重新表述出来。
2. 做哲学，也需要将以不精确的自然语言表述的思想，以更精确的方式重新表述。
因此，3. 编写计算机程序和做哲学，两者之间有重要的相似之处。

我们还可以继续以此来说明哲学的价值：

---

1. 编写计算机程序和做哲学，两者之间有重要的相似之处。
2. 对普通人来说，掌握编写计算机程序的技能并非必要。
因此，3. 对于普通人来说，掌握做哲学的方法也并非必要。
4. 对于某些需要精确地使用概念的人，掌握编写计算机程序的技能很有价值。
因此，5. 对于某些需要精确地使用概念的人，掌握做哲学的方法很有价值。

数学家马丁·戴维斯写了科普作品《逻辑的引擎》（英文书名为 *Engines of Logic: Mathematicians and the Origin of the Computer*），讲述计算机的起源。正如英文书名所展现的，计算机就是逻辑的引擎，它是逻辑学和工程学合作的产物。自古以来，逻辑学就被视为哲学的不可分割的一部分。所以，哲学与计算机也颇有缘分。

在现代哲学中，逻辑学是必不可缺的基础。几乎每一个哲学院系都会强迫学生学习至少一年的逻辑学课程，而其中，以集合论的语言表达的数理逻辑则是重中之重。限于篇幅，这里无法详细介绍充斥着抽象公式的数理逻辑。如果你对此感兴趣，请见附录中我推荐的一些相关图书。

请想一想

（1）你认为，掌握编写计算机程序的技能，会不会帮助你变得更擅长思考哲学问题？

（2）你认为，学习哲学能否帮助你更好地编写计算机程序？

（3）你认为，我们在哪些情况下需要学会精确地使用概念？在哪些情况下，这种需求并不强？

三门问题
概率究竟是什么

一个电视节目邀请你做嘉宾，玩一个游戏。在你面前有三扇关闭的门，门上分别标着1、2、3。其中一扇后面有豪车，另外两扇后面空空如也。如果你能选中豪车，它就归你了。你会选择哪扇门呢？

你可能觉得选哪扇门都无所谓。凭现有的信息，你只能认为三扇门背后有豪车的概率是一样的。所以，选哪扇门都可以，赢得豪车的概率都是三分之一。

假设你选了1号门，这时主持人打开了另外两扇门中的一扇空门，即2号门。然后，主持人转向你，问道："现在你有一个改变选择的机会，你可以改选3号门，也可以继续选择1号门。你要改变你的选择吗？"

　　一些人认为改不改是无所谓的，你觉得这些人得出这一结论的思路是什么？

•••

这些人得出这一结论的思路可能是这样的：

---

1. 剩下的 1 号门和 3 号门后都有可能有豪车，且只有这两种可能性。

因此，2. 每扇门背后有豪车的可能性都是二分之一，改不改都一样。

　　有些人会认为，应该坚持原来的选择。你觉得这些人的思路是什么？

•••

这些人的思路可能是这样的：

---

1. 主持人肯定希望我选不中豪车，这样节目组就不用给我豪车了，可以省下一大笔经费。

2. 主持人现在给我一个改变选择的机会，肯定没安好
心，想要诱惑我改变选择。

因此，3. 我应该坚持原来的选择，不让主持人的计谋
得逞。

还有人认为，应该改变选择。你觉得这些人为什么要改变
选择？

•••

这些人改变选择的原因可能是：

---

1. 选 1 号门中奖的概率是三分之一，也就是说，选 1
号门不中奖的概率是三分之二。
2. 改选 3 号门中奖的概率，等于选 1 号门不中奖的概率。
因此，3. 应该改变选择，因为改变选择后中奖概率从
三分之一提升到三分之二。

面对同一个问题，为何不同人会有不同的看法呢？

要想更透彻地理解"三门"问题，我们必须弄清楚，在谈
论"概率""机会""可能性"这些表示不确定性的概念时，我们
究竟在谈论什么。

我们可能想要谈论这 3 种不同但相关的概念：

（1）频率：当我们实际去数发生某类事件的次数占总次数
的比例时，我们就是在谈论频率。

假设一个箱子里有若干个球。随机抽取其中一个，记录下
球的颜色，再放回去，摇晃均匀。如此重复 100 次。我们也许

会发现，有 25 次是黄球，75 次是白球。因此，抽出黄球的次数占总次数的 25%，白球占 75%。

有人会问，下一次抽出的是白球的频率是多少？这个问题不是很明确。因为只抽一次的话，分母是 1，分子则是 0 或 1，那么其频率只会是 100% 或 0。所以，这个问题的答案不能帮助我们理解可能性，我们也不会认为下一次抽出的是白球的可能性只会是 100% 或 0。

此时，我们要借助**可能世界**这个概念。它与平行宇宙有点类似。你可以想象有 100 个几乎一模一样的宇宙，每个宇宙里都有 1 个和你一模一样的人，此刻他们都准备从箱子里抽球。这 100 个宇宙的唯一差别就是箱子摇匀的结果不同。如果 100 个"你"都抽完"下一次"后，有 75 人抽出白球，25 人抽出黄球，那么在可能世界中，下一次抽出白球的世界的频率是 75%。我们可以据此推论，在现实世界中，下一次抽出白球的可能性是 75%。

为了方便用自然语言而不是数学语言形容可能性的大小。我们可以约定，比例接近 1，就说"极大可能"；比例大于 0.75，就说"很可能"；比例大约是 0.5，就说"有一半可能"；比例小于 0.25，就说"不太可能"；比例接近 0，就说"极不可能"。因此，扔 1 次骰子就扔出 6 点，它的频率大约是 0.17，我们就说这是一个不太可能发生的事件。

（2）**认知概率**：当我们根据已有的信息和证据来判断要不要相信某个命题为真时，我们就是在谈论认知概率。

比如在一宗案件中，我们知道凶器上有张三的指纹。有位证人报告说，张三近期与李四爆发了激烈的口头冲突，曾扬言要杀了李四。还有位证人说自己目睹了张三杀李四。那么在这种情况下，我们会认为"张三杀了李四"是很可能为真的命题。

但随后，我们又得知，目击证人的视力极差，凶器上除了张三的指纹，还有别人的指纹，并且张三与很多人都产生过激烈的口头冲突，而其他人并没有死亡。于是，现在我们认为"张三杀了李四"的可能性甚至不足一半。

由于我们获得了新信息，拥有了新证据，我们就会改变自己对于那个命题为真的可能性的判断。所以，认知概率总是会依据判断者在某个时刻拥有的信息量、证据量来决定。

（3）**信心水平**：当我们最终说出某个事情很可能或者不太可能发生时，我们也同时表现出了自己对于那个事情发生或不发生的信心水平。

当我说"她很可能会答应跟我约会"时，并不意味着我真的约了她100次，然后数了数她答应我的次数，并发现这个数字确实在75次以上。我也没有收集什么证据来支持这个想法。我用"很可能"这个词，只是表达出了我最终的信心水平。实际上，这个信心水平很主观，我可能过于乐观，也可能过于悲观。

总之，一个人最终说出"×有多大可能性"这话时，只要这个人没有故意说谎，那么他必然要表达出自己的信心水平。

结合上述内容，我们可以总结一下频率、认知概率和信心水平这三者的特点（见表5-1）。频率是客观的，信心水平是主观的。而认知概率，它既是主观的，又是客观的。理想状态下，一个人的信心水平和其认知概率应该是相同的。但在现实生活中，有些人会过度自信，有些人则表现出过度不自信。

有了频率、认知概率、信心水平这三个概念，我们就能明白人们在三门问题中的思考过程了。

表 5-1   频率、认知概率和信心水平的特点

无论人们最终是坚持原先的选择，还是改变选择，他们都表达出了自己的信心水平。坚持选 1 号门的人，主观上相信 1 号门最有可能中奖。改选 3 号门的人，主观上相信 3 号门最有可能中奖。认为改不改都无所谓的人，主观上相信这两扇门中奖的可能性是一样的。

信心水平很容易知道，但频率较难知道。除非有一个人玩了很多次这个游戏，比如 200 次，其中有 100 次他坚持了原来的选择，有 100 次他改变了选择。如果他发现，在坚持原先选择的情况下，大概有 33 次能中奖，而在改变选择的情况下，大概有 66 次能中奖，那么我们就能说，应该改变选择，因为改变选择更有可能中奖。

不过，有些人的想象力很强大，他们能在没有玩 200 次这个游戏的情况下，想象出有 200 个可能世界中的自己都玩了 1 次这个游戏，并且他们还能生动地想象出每次游戏的结果。这些想象力丰富的人可以在脑海中观察并计算，然后理性思考并得出频率的情况。如果你也是这类想象力丰富的人，那么你应该知道，正确答案是改变选择。

在这个案例中，认知概率的计算方式和频率一模一样，因为

我们没有获得更多的信息。不过，假设你在电视节目录制之前，在玩家休息室里等待，而工作人员忘记关上休息室的门。然后，你无意中看到门外有人提着一桶水，拿着擦玻璃的工具，走到了1号门后面。你可能会认为此人是去擦拭汽车玻璃的。于是，你可能会认为1号门后更可能有汽车，因而决定不做出改变。

为什么正确答案是改变选择？下面这个思想实验能让你更容易看出这一点：

还是那个电视节目，还是同样的游戏，只是这次有100扇门，门后有且仅有一辆汽车。你随意选了27号门。主持人从1号门开始，依次打开，均为空门。其中，当他走到27号门前时，他跳过了这扇门，打开了下一扇门。然后，当主持人走到73号门前时，他也跳过了这扇门，打开了下一扇门，依次打开至100号门。

现在，面临98扇空门和两扇没有打开的门，你有两个选择，一是继续选最开始的27号门，二是改选73号门。你会做出什么选择呢？

请想一想

（1）有些人最终表达出的信心水平和其认知概率相差甚远，你认为这是为什么呢？

（2）如果我们想要让信心水平尽可能接近认知概率，我们应该怎么做？

（3）试着向你的朋友讲述这个三门问题，问问他们会做出什么选择，然后分析一下他们做出选择的论证思路。

32

彩票悖论
我们应该相信一个很可能为真的命题吗

　　某超市开业，举行抽奖活动，共派发出 1 000 张抽奖券。在这 1 000 张券中，有且仅有一张可以中奖，而你手中刚好有一张抽奖券。

　　从概率上看，你认为自己不会中奖。同时你也认为拿到抽奖券的任何一个人都不会中奖，毕竟中奖概率只有千分之一。所以，你可以依次指着这 1 000 个人的名字说，张三不会中奖、李四不会中奖、王五不会中奖……

　　但是，等你说完这 1 000 个人都不会中奖之后，就会发现，好像哪里不太对。

　　根据抽奖规则，肯定有一个人会中奖。但你刚刚的说法无异于"每个人都不会中奖"，这和"肯定有一个人会中奖"似乎是矛盾的。这其中究竟出了什么问题呢？

　　这个彩票悖论又叫凯伯格悖论，由哲学家和计算机科学家亨利·凯伯格提出。这个悖论引发了大量认识论、概率论和逻辑学方面的研究。为了更好地体会这个悖论具有的深远意义，我们再来看一个相似的悖论。逻辑学家雷蒙德·斯穆里安证明出一点，"你要么自负，要么愚蠢"。

　　每个人都相信许多命题，可能有数百万个，甚至更多。将这些命题记为 P1、P2、P3、…、Pn。每个不自负的人都知道自己会犯错误，自己相信的命题并不全都为真，自己很可能相信了假命题。也就是说，从 P1、P2、P3、…、Pn 中，至少有一个是假命题。只有自大狂才会认为自己相信的命题全都为真。假定，只有愚蠢的人才会相信已经知道是假命题的命题。而如果你不是自大狂，那么你就知道，从 P1、P2、P3、…、Pn 中，至少有一个是假命题。然而，你却相信这其中的每一个命题。这意味着，你要么自负，要么愚蠢。

上述思想实验说明了什么呢？我们真的自负或愚蠢吗？

•••

这个思想实验说明，以下 3 个原则并不能同时被接受：

（1）我们可以理智地相信一个很可能为真的命题。

（2）如果我们可以理智地相信命题 P1，我们还可以理智地相信命题 P2，那么我们就可以理智地相信 P1 和 P2。

（3）我们不可以理智地相信一些互相矛盾的命题。

你觉得，我们应该放弃这 3 个原则中的哪个呢？

•••

原则 3 意味着我们不应该愚蠢，不应该相信已经知道是假命题的命题。由于大多数人都不反对原则 3，所以他们认为，要么修改原则 1，要么修改原则 2。

许多人认为，这个悖论的问题出在原则 1。我们不应该相信一个很可能为真的命题，毕竟那个命题只是很可能为真，比如，其可能性只是 0.9。我们只应该相信那些可能性达到 1 的命题。任何可能性低于 1 的命题，我们都应该保持怀疑态度，不应该相信它。

不过，也有不少人觉得应该保留原则 1。毕竟，可能性达到 1 的命题实在太少了，只有数学、逻辑学、形式语义学等极少数领域中有这样的命题。日常生活中的绝大多数命题的可能性都无法达到 1。"1+1=2"的可能性的确是 1，但"我下一秒钟还活着"的可能性就无法达到 1。但是，大部分人基本上是同样相信这 2 个命题的。

既然要保留原则 1，那就要修改原则 2。我相信 P1，也相信 P2，但我不一定要同时相信 P1 和 P2。假设只有张三、李四和王五参加抽奖，每人不中奖的概率大约是 0.67。因此，我可以相信张三没有中奖，也可以相信李四没有中奖，但我不应该同时相信张三和李四都没有中奖，因为他们都不中奖的概率大约是 0.33。让我相信可能性有 0.67 的命题，这还算很合理，但让我相信可能性只有 0.33 的命题，这就不太合理了。

假设我有 100 个信念，每个信念为真的可能性都有 0.99 这么高，但它们都为真的可能性则是 0.99 的 100 次方，也就是大约 0.37。更何况每个人脑中的信念通常多于 100 万个，并且很多信念为真的可能性还不到 0.99。因此，不完全相信自己头脑中的信念之网才是合理的。

不过，修改原则 2 也要付出一些代价。它意味着，我们不能再相信由自己的信念组成的合取命题[⊖]了。比如我相信喜马拉雅山在青藏高原的南部边缘，我相信柏拉图是亚里士多德的老师，我相信键盘上的 O 键右边是 P 键，但我不能再相信把这 3

⊖　合取命题，指用"并且"一词把多个子命题连在一起组成的更长的命题。

句话用"并且"连在一起之后形成的合取命题了（即：喜马拉雅山在青藏高原的南部边缘并且柏拉图是亚里士多德的老师并且键盘上的 O 键右边是 P 键）。

　　不论是修改原则 1 还是原则 2，这个思想实验都告诫我们要保持认知上的谦逊。与傲慢的"自大狂"相比，我们宁愿当个"笨蛋"。至少笨蛋愿意承认自己搞错了，还需要学习许多新东西，以便纠正自己脑中的错误信念，调整认知概率。而傲慢的自大狂则不认为自己脑中有任何错误信念，也就失去了成长和进步的机会。

请想一想

（1）你认为，在"你要么自负，要么愚蠢"的思想实验中，修改原则 1 更好，还是修改原则 2 更好？

（2）你能否设计一个思想实验，来体现"认知谦虚"这一美德的优势？

（3）有些人认为，我们可以理智地相信矛盾，毕竟很多人实际上就是这么做的。比如，恋爱时，有人既相信对方爱自己，又相信对方不爱自己。购物时，我们有时会同时相信自己应该买这款手机，又相信自己不该买这款手机。你是否认为，人们可以同时相信互相矛盾的两个或多个命题？

33

濠梁之辩
"知道"是什么意思

　　有一天，庄子和朋友惠子在濠水的桥梁上散步。庄子看着河水里的鱼说："这些鱼儿游得很从容，这意味着鱼儿很快乐啊。"

　　惠子说："你又不是鱼，你哪里知道鱼儿很快乐？"

　　庄子说："你又不是我，你如何知道我不知道鱼儿很快乐？"

　　惠子说："没错。正是因为我不是你，所以我不知道你的情况。那么，你不是鱼，所以你也不知道鱼的情况。"

　　庄子说："不要扯远了。你问我哪里知道鱼儿很快乐，就是已经默认了我知道鱼儿很快乐。我现在告诉你，我就是在濠水河边知道鱼儿很快乐的。"

不知道大家第一次听到这个故事时，有何感想呢？

•••

故事中的"知道"一词，至少有两种不同的意思。正是因为惠子和庄子混淆了这两种不同的意思，所以才有了"濠梁之辩"。

那么，"知道"具体有哪两种不同的意思呢？基于罗素的洞见，我们暂且分为亲知和推知两种。

（1）亲知：在"我知道痛经是什么感觉"这句话中，"知道"表示对于某种主观体验有过亲身经历，有过第一人称的切身体会。

作为一名男性，我不太可能知道痛经是什么感觉。同理，作为人类，我也不可能知道鱼儿的快乐是什么感觉。我甚至不知道鱼、鹦鹉、长颈鹿这些动物究竟有没有感觉。笛卡尔就认为这些动物都是复杂的机器，没有严格意义上的感觉。

极端一点来说，我甚至不知道其他人的任何感觉。这种极端的思想叫"唯我论"。毕竟，我只能体会到我自己的感觉。你尝过的酸甜苦辣，你感受过的幸福与悲伤，那都是你的感觉器官向你的中枢神经系统发出的信号所引起的。别人的传入神经连着别人的脑子，又没有连着我的脑子，我怎么可能知道其他人的感觉呢？

（2）推知：在"我知道平面三角形的内角和是180度"这句话中，"知道"表示有充足的理由相信一个事实上为真的命题。

"平面三角形的内角和是180度"确实为真，我也相信它为真，而且我可以说出一番理由来证明它：过任意平面三角形的顶点作对边的平行线。由于两直线平行，内错角相等，于是，三角形的三个角可以组合成一个平角，也就是 180 度。所以，任意平面三角形的内角和都是 180 度。

在这个推知的意义上，我可以说自己知道很多命题。比如，我知道我是男性，我知道中华人民共和国成立于 1949 年，我知道痛经可以区分为原发性痛经和继发性痛经，等等。只要这些命题满足三个条件：一是它们事实上为真，二是我的确相信它们为真，三是我依赖充足的证据来相信它们为真。

在我们区分了这两种不同类型的知道后，再来看看庄子和惠子的对话可能是怎样展开的：

有一天，庄子和朋友惠子在濠水的桥梁上散步。庄子看着河水里的鱼说："这些鱼儿游得很从容，这意味着鱼儿很快乐啊。"

惠子说："你又不是鱼，你哪里知道鱼儿很快乐？"

庄子说："我的确不能以第一人称的视角体会鱼儿的快乐，但我根据鱼儿游动的模式，以及鱼儿周围没有捕食者等相关信息，推测鱼儿应该处于某种积极的情绪状态中，假定鱼儿确实有情绪状态的话。如果以人类的语言称呼这种情绪状态，那么用'快乐'这个词是比较合适的。"

惠子说："哦，这样啊。"

当然，也可能是这样：

有一天，庄子和朋友惠子在濠水的桥梁上散步。庄子看着河水里的鱼说："这些鱼儿游得很从容，这意味着鱼儿很快乐啊。"

惠子说："你又不是鱼，你哪里知道鱼儿很快乐？"

庄子说："你又不是我，你如何知道我不知道鱼儿很快乐？"

惠子说："没错啊。正是因为我不是你，所以我不知道你的情况。你不是鱼，所以你也不知道鱼的情况。"

庄子说："对于一般人来说，的确如此。但我拥有超能力，能选取以我为中心，距离我50米范围内的生物，远程获取并解码其神经系统中的信息。正是因为你不是我，所以你不知道我有超能力。而我知道我有超能力，我能以第一人称的视角，直接体会到鱼儿的快乐。"

惠子说："哦，这样啊。"

也可能是这样：

有一天，庄子和朋友惠子在濠水的桥梁上散步。庄子看着河水里的鱼说："这些鱼儿游得很从容，这意味着鱼儿很快乐啊。"

惠子说："你又不是鱼，你哪里知道鱼儿很快乐？"

庄子说："我的确不能以第一人称的视角体会鱼儿的快乐，但我根据鱼儿游动的模式等相关信息，推测出鱼儿很快乐。"

惠子说："这既然是你的推测，那你就不能说你知道鱼儿很快乐，你最多只能说你相信鱼儿很快乐。"

庄子说："但我推测鱼儿很快乐的理由很充分。当我有充足的理由相信鱼儿很快乐时，我就可以说我知道鱼儿很快乐。"

惠子说："不行的。因为事实上，鱼儿不一定很快乐。鱼儿也许正在警惕地观察着我们俩，担心我们抓走它。虽然看鱼儿游动的模式不像是警惕的样子，但我说的那种情况也是有可能的。"

庄子说："你这叫极端怀疑论。按照你这种说法，请问你知道自己是人类吗？说不定你是一台披着人皮的人工智能机器。打开你的颅骨，里面其实是一大堆电路板。既然你从未看过自己的内在结构，你怎么知道自己是货真价实的人类，而不是长得像人类的机器人？"

惠子说："没错。所以，我也的确不知道我自己是人类。我只是相信我自己是人类。我也不知道鱼儿很快乐，但你跟我一样，也只是相信鱼儿很快乐，而不是知道鱼儿很快乐。"

庄子说："不要扯远了。你那种语言使用模式无法获得大多数人的认可。语言作为一种文化交流工具，肯定是越方便越好。现在，我们约定，只需要相信的理由达到了一定的充分程度，就可以用'知道'代替'相信'一词表示自己的命题态度。我们不必排除每一种怀疑论的可能性。只需要在某些具体环境下，依照实用主义的标准，确定证据的可靠程度即可。比如，在刑事案件中，要知道被告有罪，需要更有力的证据。但在民事诉讼中，知道被告有过错的话，需要的证据可能就不用那么详细。"

惠子说："哦，这样啊。"

请想一想

（1）如果我无法亲知到其他人的感觉，那么我该如何判断其他人是否有感觉？或者，其他人的感觉是否和我类似？

（2）我亲知的情况，是否有可能出错？比如，我以为我感受到了痛，但实际上我并不痛？我以为我感受到了敲击键盘的触觉，但实际上我在做梦，手指并无任何感受？

（3）一些人认为，所有的推知要想可靠，必然要追溯到某个人的亲知之上。此人再用语言将自己的亲知转述给别人听，然后就成了别人的推知。你认为，是否一切推知都是直接或间接地建立在亲知的基础之上的？

德性认识论
怎样才算真正知道

在"濠梁之辩"一节中，我们已经知道，在推知的意义上，要合理地断言"张三知道 P"，一般要满足三个条件：第一，P 这个命题为真；第二，张三相信 P 为真；第三，张三有充足的证据相信 P 为真。这被称为"知识的 JTB 定义"（Knowledge is Justified True Belief)，即知识就是得到辩护的真信念。

然而，哲学家埃德蒙·葛梯尔却设想出了一系列反例来挑战 JTB 定义。比如：

张三和李四竞争总经理职位。张三某天晚上听到公司总裁说，会任命李四当总经理。李四比他学历高，经验也更丰富，张三有理由相信李四会出任总经理。同时，张三听说李四中了彩票。于是张三推理出一个结论：要当总经理的人会中彩票。然而，事实上，总裁任命张三做总经理。而且张三不知道的是，他自己买的彩票也中奖了。

"要当总经理的人会中彩票"这个命题为真，张三也相信它为真，张三也有充足的证据相信它为真。虽然 JTB 这三个条件都满足，但对于张三来说，他真的知道这个命题吗？

我们再来看两个类似的反例，第一个例子是罗素提出的：

张三和李四两个人在一起吃饭。李四问张三现在几点了？张三看了看表，表针指着七点半，于是他就告诉李四现在是七点半。但张三不知道的是，表已经坏了，表针停在七点半不再走动了。不过，此刻也刚好是七点半。张三认为"现在是七点半"，现在也的确是七点半，而且张三也有理由相信现在是七点半，那么张三知道现在是七点半吗？

第二个是由阿尔文·戈德曼提出的谷仓案例：

张三和李四一起开着车行驶在公路上。路过某个乡村时，发现道路两旁有许多建筑，马厩、风车以及谷仓等。此时，张三停下车，准备伸展一下腿脚。他依次指着路旁的建筑，对李四说："你看，那有一个马厩，那有一个风车，那有一个谷仓。"但张三不知道的是，在这个村子里，几乎所有的谷仓都是假的，都是纸糊的大板子。但是，张三此时用手指着的那个谷仓，又恰好是一个真谷仓。此时，张三知道那是一个谷仓吗？

我们很难从这个案例中得到答案，它们貌似都满足 JTB 定义，但我们又无法确定张三知道他以为自己知道的那些情况。虽然张三做出了一番观察和推理，并非完全瞎猜，但他似乎还是凭借运气才恰好拥有了得到辩护的真信念。

葛梯尔问题还有很多变式。有没有什么办法，帮助我们解决这类问题呢？

...

德性认识论就是一种办法。德性又叫美德、优点、杰出品质，它在下列特点中就有所体现：观察能力强，推理能力强，记忆力强，善于识破不可信的信息和论证，求知欲旺盛，勤于向专家咨询，不过早下判断，能全面考虑到多种选择和可能性，善于权衡利弊，善于反思自身的局限性，善于反思自己所咨询的专家的局限性……

这些特点被认为是认知上的优秀能力和品质，当我们将其应用到个人身上时会明白：**一个拥有优秀的认知能力和品质的人，就是一个聪明且不自作聪明的人。**

因此，不难看出，德性认识论的关注焦点不是知识，而是获取知识的人。知识是人通过自己的言行展现出来的一种效果，要想判断一个人有没有知识，重点还是要去看那个人的特征。

恩斯特·索萨是当代德性认识论的发起者，他曾以射箭运动员为例，认为我们可以从三个方面评价一次射箭表现。

第一个方面是准确性（accuracy），就是看那支箭有没有命中靶子，或者离靶心有多近。

第二个方面是高超性（adroitness），就是看这次射箭表现，是否展现出了运动员高超的射箭本领。其中，满足了准确性，不一定能满足高超性。比如，一支准确命中靶心的箭，有可能是一位不具备高超本领的三流运动员碰巧射中的。而满足了高超性，也不一定能满足准确性。比如，一个一流的运动员做出了最标准的射箭动作，但因为强风袭来，箭还是射歪了。所以，在准确性和高超性之外，我们还需要考虑第三个方面。

　　第三个方面是恰当性（aptness），就是看这次射箭的准确性是不是因为高超性导致的。假设射箭运动员水平高超且没有任何失误，以及箭命中靶心，我们也不一定会说这次射箭表现满足了恰当性。也许，恰好有一阵强风吹来，把这支箭吹歪了，而恰好又有另一阵强风吹来，把箭吹了回来，刚好带到了靶心。在这种情况下，箭之所以能准确命中靶心，不是因为运动员有高超的射箭本领，而是因为有一些随机的不可控因素导致箭命中了靶心。

　　我们可以将这三个方面简称为AAA。如果能同时满足AAA这三个条件，我们就可以说某人知道某个命题。

　　假定有一个命题为"张三杀死了李四"，那么，在什么情况下，我们可以说小明知道张三杀死了李四呢？

· · ·

　　首先，张三杀死了李四，这本身得是一个准确的信息。如果张三事实上没有杀死李四，那么小明就不可能知道这一点。

其次，小明知道"张三杀死了李四"的过程中，要表现出小明高超的认知能力和品质。

最后，小明还必须是因为自己高超的认知能力和品质，才相信了"张三杀死了李四"。比如，小明听刘老师说，张三杀死了李四，于是便不假思索地相信了。哪怕张三确实杀死了李四。小明的认知本领确实也很高超。但在这整个过程中，小明不是因为自己的高超认知能力和品质才相信这一点，他只不过是人云亦云罢了。此时，我们不说小明知道张三杀死了李四。

但是，如果小明不是简单地人云亦云，不是自作聪明地草率断定刘老师的话值得信任，而是对刘老师的证言的可信度进行了一番调查和评估，比如从更多人处获取更全面的信息，交叉对比。那么，在小明相信张三杀死李四的过程中，小明付出了一定努力，表现出了一定的认知能力和品质。此时，我们可以说，小明知道是张三杀死了李四。

我们再来举个例子，比如你正在阅读的这本书。这本书上有一些真命题，那么，你如何运用 AAA 标准来判断自己是否知道这些真命题？

•••

如果书上每写一句话，你就相信这句话，并假设书上写的也都是真的。此时，我们也不说你知道那些信息。但是，如果你对于那本书及其作者有所了解，对书上的内容也仔细推敲过，同时发挥了自己的聪明才智来判断书上提供的信息是很可信的，这时我们可以说，由于 AAA 都被满足了，所以你知道书上写的那些信息。

了解了德性认识论以后,你知道如何运用德性认识论来解决葛梯尔问题吗?

•••

以看手表的问题为例。张三相信现在是七点半,这个信息也是准确的,而张三也有一定的认知本领,比如正常的视觉能力和理解手表上的符号含义的能力。但之所以说张三不知道现在是七点半,就是因为,这个信息之所以准确,跟张三的认知本领没什么关系,它不是因为张三的认知本领而准确的。

谷仓案例更加复杂一些。为此,索萨区分了知识的两个不同层级:**动物性知识和反思性知识**。动物性知识是动物也可以具备的知识,比如一条搜救犬凭借自己敏锐的嗅觉找到了被困者的所在之处;反思性知识则是一种二阶知识,知道者要知道自己的动物性知识是恰当的。换言之,在别人质问他"你凭什么说你知道 P"时,这位反思性知道者能给出一个足够好的理由来支持自己对 P 的相信。

联系"象与骑象人"一节中提到的双重历程理论,我们可以说,**反思性知识是骑象人这个系统的知识,而动物性知识是大象这个系统的知识**。许多情况下,只要有动物性知识就足够了,反思性知识是不必要的。比如,一个擅长与别人维持亲密的爱情关系的人,不必具备关于爱情的心理学、社会学、经济学方面的知识,但如果这个人要发表一些学术论文的话,还是需要反思性知识的。同理,一个擅长游泳的运动员不一定要擅长流体力学、营养学、运动心理学等学科知识,这些知识是优秀的游泳教练才需要具备的。

　　如此一来，在谷仓案例中，我们可以说张三具备动物性知识，他知道那是一个谷仓，毕竟 AAA 条件已经满足了。那真是一个谷仓，而且张三是凭借自己的视力和对谷仓的识别能力来相信那是个谷仓的。但他并不具备反思性知识而不知道那是个谷仓，因为他无法得知自己正处于一个充斥着假谷仓的环境中，他不知道自己只是因为运气好而恰好指到了一个真谷仓。

　　那么，从德性认识论的角度，我们该怎么判断某人是否知道某个命题？

•••

　　我们可以这么说：小明知道 P，当且仅当命题 P 为真时，而小明也因为自己优秀的认知能力和品质相信了 P。

　　而反思性知识的要求会更高一些：小明知道 P，当且仅当命题 P 为真时，而小明也因为自己优秀的认知能力和品质相信了 P，与此同时，小明能说出一番恰当的理由和证据表明自己对 P 的相信是合乎认知规范的。

　　德性认识论是一种以人为中心而不是以知识为中心的视角。一个欠缺优秀认知能力和品质的人，即便获取了准确的信息，也无法说他知道这些信息；一个拥有优秀认知能力和品质，但在求知过程中没有发挥出这些认知能力和品质的人，即便获取了准确的信息，也无法说他知道这些信息。

　　只有一个拥有优秀认知能力和品质，并在获取信息的过程中因为发挥出了优秀认知能力和品质而获取了准确信息时，我们才说他知道这些信息。如果他想要宣称自己是因为具备反思性知识而知道那个准确信息的，而不仅从动物性知识的角度知道那个准确信息的，那么他就必须给出更充足的理由。

请想一想

（1）列举一些你相信的信息，你觉得它们是不是准确的？

（2）你具备哪些优秀的认知能力和品质？你的哪些认知能力和品质还不够优秀？

（3）你是不是因为自己优秀的认知能力和品质才去相信了一些准确的信息？

知识的来源
你是怎么知道的

外星人想要研究人类获取知识的途径。于是，它们绑架了一位主攻认识论领域的哲学家，因为认识论就是一门研究人类如何获取知识的学问。

哲学家被绑架后，非常害怕。他发现绑架自己的并不是人类，而是一种长得像章鱼的生物，只是它们几乎有大象那么大。

这些生物会说人类的语言，它们对他说："你不用害怕。我们不打算伤害你。我们只是想向你请教一些问题。请先告诉我，你叫什么名字？"

这位专家说："我叫张三。你们是什么？你们想问什么？"

外星人说："我们是你们口中的外星人。请问，人类是如何获取知识的？"

张三说："你为什么想要知道这个？"

外星人说："我们也是你们口中的科学家。我们只是想做研究，满足自己的求知欲。我们不打算伤害任何人。"

张三还是比较警惕，不愿意透露更多的信息。他说："我猜想，人类获取知识的方式应该和你们相似。你们是如何获取知识的？"

外星人说："我们通过四种途径获取知识，分别是逻辑推理、感觉器官、记忆系统、别人。"

张三说："你说的逻辑推理是什么意思？"

外星人说："比如，我们可以从'所有地球人都会死''你是一个地球人'这两个命题，推理出第三个命题，'你会死'。"

张三说："我明白了。我们地球人也依靠逻辑推理获得知识。不过，你们认为，逻辑推理能带来确信无疑的知识吗？"

外星人说："有时候可以。如果逻辑推理的前提是真的，推理过程是演绎有效的，那么结论就是真的。不过，如果前提不是真的，那么即便推理过程是演绎有效的，结论也不一定是真的。而且，除了演绎推理，还有非演绎推理。在这种情况下，即便前提是真的，结论也并不必然是真的，只是可信的。"

张三说："我的想法和你们一样。除了逻辑推理，你还提到了感觉器官，那是什么？"

外星人说："我们调查过你们地球人的身体。你们的眼睛可以收集电磁波信息，耳朵可以收集介质振动信息，你们的鼻子、舌头、皮肤上都有感觉细胞，可以收集相应的信息。我们和你们一样，也有类似的可以收集信息的感觉器官。"

张三问："你们认为，感觉器官能给你们带来确信无疑的知识吗？"

外星人说："并不能，因为我们总是要对感觉器官收集的信息做出加工和解读，而在这个解读过程中有可能出错。对你们地球人来说，肉眼看到的月亮和太阳是差不多大的。然而，太阳实际上比月亮大很多，只是因为太阳距离地球更远，所以太阳和月亮看起来才差不多大。"

张三问："我还没有理解你的意思。你说的感觉器官收集的信息，以及对这个信息做出的解读，这两者有什么区别？"

外星人说："打个比方，感觉器官收集的信息就像是一部电影，对其做出的解读就像是某人写的一篇影评。电影本身是由画面和声音组成的，而影评是由文字组成的。所以，影评包含的信息量一般会远远小于电影本身的信息量。有时候，影评中也可能包含电影中没有的信息，你们把这叫作过度解读。而且，同一部电影，不同人会做出不同的解读，写出不同的影评。正如影评不是准确无误的，对感觉器官收集的信息做出的解读也不是准确无误的。"

张三问："我现在理解了。那你们觉得，既然在解读过程中有可能出错，那未经解读的原始信息，它们有没有可能出错？"

外星人说："也有可能。可能会出现错觉、幻觉等情况。而且，比起担心它们出错，我们更需要担心它们收集的信息过少。我们的感觉器官比你们人类的更强大，但我们也需要依靠显微镜、望远镜、声呐等仪器来收集信息。"

张三问："你还提到了记忆系统。我们地球人也有记忆系统，只是有时记得很准确，有时记得不准确。你们的记忆系统是否总是可靠的呢？"

外星人说："我们的记忆系统分为三个部分，一是信息的编码，二是信息的存储，三是信息的提取。这三个环节并不总是可靠的。大部分情况下，我们只编码感觉器官收集到的一小部分信息，大部分信息很快就会被遗忘。信息也无法长时间存储，时间久了也可能遗忘。而且，新存储的信息可能会干扰之前存储的信息。有时候，这会导致信息失真；有时候，这又会导致信息无法成功被提取。即便提取出一些信息后，这些信息也并非完全准确，我们可能会记错一些细节。不过，我们很少会出现虚假记忆，也就是一件没有发生的事情，但我们却记得它发生了。"

张三说："人类的记忆系统也可以分成这三个部分。只是，我们的记忆系统比你们的更不可靠，我们出现虚假记忆的频率比你们高很多。"

外星人问："这是为什么呢？"

张三说："我也不知道原因。我猜想，可能是因为人类有一种保持良好的自我感觉的倾向，为此，我们经常创造一些虚假的关于自己的美好记忆，从而让我们相信自己是个很好的人。还有一个原因是，别人有时候会告诉我们一些虚假的信息，而当我们听到这些信息时，可能会不由自主地想象出一些画面、声音、气味和触感。时间久了，我们便会混淆自己的想象和记忆。"

外星人说："那我们比你们幸运很多，我们获取知识的主要途径就是依靠别人。"

张三说："其实，我们地球人获取知识的主要途径也是依靠别人。我们脑中存储了大量信息，其中只有一小部分是我们自己用感觉器官收集来的，大部分都是别人告诉我们的。比如，我从没有见过恐龙，但我知道地球上曾经生活着恐龙，这是别人告诉我的。"

外星人说："既然你们地球人也依靠别人来获取知识，那你为什么又说别人会传递给你虚假的信息呢？"

张三说："有时候是因为别人故意想要欺骗我，想要误导我，从而骗取我的信任和钱财；有时候是因为别人并不是故意要欺骗我，而是他们也搞错了。就像你们说的，他们在逻辑推理时可能出差错，比如推理的前提是错的，或者推理过程并不有效。他们对自己的感觉器官收集的信息也可能产生错误解读，比如他们以为自己看见了蛇，实际上只是看见了绳子。他们还可能记错了。"

外星人说："那我们比你们幸运很多。我们不会故意欺骗别人。而且我们所有个体都非常谨慎，只有当多个条件都满足时，我们才会把自己的判断告诉别人。因此，我们也十分信任别人告诉我们的话。"

张三问："你说的多个条件是指哪些条件？"

外星人说："第一，要通过感觉器官收集足够多的信息，并且对这些信息做出尽可能完善的解读。第二，推理过程能强有力地支持结论。第三，从记忆系统中提取的信息不太可能出错。"

张三说："地球人并不像你们这么谨慎。不过，我们也早已习惯了别人的不谨慎，甚至我们也习惯了别人偶尔会故意欺骗我们。所以，我们不会无条件地相信别人告诉我们的一切话。"

外星人问："那你们什么时候相信别人说的话，什么时候不相信呢？"

张三说："这个就要具体情况具体分析了。概括地说，我们主要依靠说话人的历史记录。如果说话人过去常常说出准确的信息，那么我们就认为他这次说的也很可能是准确的；如果说话人没有良好的历史记录，我们就不太乐意相信他；如果这是我们第一次遇到说话人，不了解其历史记录，我们也不会轻信这个陌生人说的话。"

从张三和外星人的对话中，我们发现人类和外星人都会通过四种途径来获取知识，这些途径各有特色。

逻辑推理这一途径是否能产出不会出错的知识？

●●●

1. 人类和外星人可以通过逻辑推理获取知识。
2. 依靠逻辑推理有时候可以获取确信无疑的知识，也就是当理由都为真且推理过程演绎有效时，结论必然为真。
因此，3. 人类和外星人有时候可以通过逻辑推理来获得确信无疑的知识。

　　然而，许多时候，人类和外星人都在使用非演绎推理，而不是演绎推理。就算使用演绎推理，我们大部分情况下也不确定理由是否为真。所以，大部分情况下，人类和外星人都无法确定自己通过逻辑推理得出的结论是确信无疑的。

　　逻辑推理需要理由作为素材，这些理由有四个来源，它们可能是另一个推理的结论，可能来自对感觉器官收集的信息做出的解读，可能来自记忆系统，还可能来自别人说的话。

　　感觉器官这一途径是否能产出不会出错的知识？

●●●

　　外星人的各种感知觉能力都比地球人强，但这些能力依然不是完美的：

---

　　1. 人类和外星人可以通过感觉器官来获取知识。

　　2. 感觉器官获取的信息可能过少，也可能出错，并且解读它们的过程也可能出错，所以单凭感觉器官无法获得不会出错的知识。

　　因此，3. 人类和外星人无法仅仅凭借感觉器官来获取不会出错的知识。

　　记忆系统这一途径是否能产出不会出错的知识？

●●●

　　外星人的记忆系统似乎比人类的更可靠一些，但依然不是完全可靠的。

1. 人类和外星人可以通过记忆系统来获取知识。
2. 记忆在编码、存储和提取这三个环节都可能出现差错，因此从记忆系统中提取出的信息并不总是准确的。

因此，3. 人类和外星人无法仅仅凭借记忆系统来获取不会出错的知识。

那么，别人这一途径是否能产出不会出错的知识？

•••

外星人更信任别人说的话，而人类则不那么信任别人说的话，因为思想实验中的外星人不会说谎，而且非常谨慎。但是，别人说的话也不总是对的。

1. 人类和外星人可以通过别人获取知识。
2. 别人输出的知识，追根溯源的话，又来源于别人的逻辑推理、感觉器官、记忆系统或者另一个别人。除了逻辑推理中的少数情况，大部分知识的来源都无法担保产出的知识是不会出错的。

因此，3. 大部分情况下，人类和外星人无法通过别人来获取不会出错的知识。

由此我们似乎可以得出一个悲观的论证：

1. 人类和外星人都要通过逻辑推理、感觉器官、记忆系统、别人这四种途径来获取知识。

2. 大部分情况下，这四种渠道都无法产出不会出错的知识。

3. 不存在获取知识的其他渠道，比如超能力或神的恩赐。

因此，4. 大部分情况下，人类和外星人都无法确定自己获取的知识是不会出错的。

但在一些人看来，这个结论并不悲观，反而颇具启发意义。你觉得这些人为什么会这样想？

...

---

1. 大部分情况下，人类和外星人都无法确定自己获取的知识是不会出错的。

因此，2. 大部分情况下，人类和外星人目前以为的知识，是有可能出错的。

3. 如果一个人越是仔细、谨慎地对待来自逻辑推理、感觉器官、记忆系统和别人的信息，不轻易相信这些信息，以高标准严格地要求这四种途径，那么这个人获得的知识越不容易出错。

4. 我们将仔细、谨慎、不轻信、高标准、严要求的这些习惯，称为批判性思维的习惯。

因此，5. 一个拥有越多批判性思维习惯的人，获得的知识越不容易出错。

请想一想

（1）按照你获取的知识的量来给逻辑推理、感觉器官、记忆系统、别人排序。

（2）你觉得你对于这四种途径中获取的知识，分别有多谨慎？

（3）你觉得，有可能出错的知识还能被称为知识吗？有什么办法能让你获取的知识尽可能不出错吗？

第六部分
PART 6

关于科学与世界的
思想实验

36

罗素的火鸡
归纳法有局限性吗

农场里有一只聪明的火鸡，它擅长利用归纳推理，从观察中总结经验，得出普遍规律。比如，它发现，一到早上九点，自己都会听到脚步声。随后，农场的门就会打开，一个庞然大物将走到自己的身边，往自己面前扔许多小颗粒。这些小颗粒都很好吃。

火鸡观察了100天，发现天天都是如此。它非常谨慎，还不敢断定每天都会如此。但在观察了360多天后，火鸡依然发现每天都会在固定的时间发生上述事件。于是，火鸡利用归纳推理，得出了这样一个普遍规律："每天早上九点，农场主会来给我喂食。"

然而，在它得出规律的第二天，这一规律就不存在了。因为那一天是感恩节，农场主在早上九点来到农场时，就将它做成了菜肴。

这个思想实验叫"罗素的火鸡"，更专业的称呼是"归纳问题"或"归纳难题"。它是说，归纳推理是一种不可靠的方法。我们并不能保证自己用归纳法得出的结论是真的。

还有另一个更简单的思想实验：

在每个人的一生中，都会不断观察到，太阳从东边升起，从西边落下。于是，人们都会得出这样的结论："太阳总是会从东边升起，从西边落下。"

然而，这个结论并不为真。首先，太阳东升西落只是一种视觉表象，实际上是地球在自转，导致生活在地球上的人误以为是太阳在运动。其次，哪怕是这种视觉表象，也不能永远出现。假设有一颗足够大的小行星以足够快的速度沿着特定的方向撞上地球，那就会改变地球的自转方向，使得视觉表象变成"太阳西升东落"。不过，由于这种小行星撞击地球带来的毁灭性后果，那时地球上的人应该不存在了，甚至没有任何拥有眼睛的生物能活着看到"太阳西升东落"的视觉表象了。

我们可以这样表述这个归纳问题：

1. 我们想要得出适用于无限数量的情况的普遍规律。

2. 我们只能观察到有限数量的情况。

3. 从有限数量的情况来看，我们无法有效地推理出适用于无限数量的情况的普遍规律。

因此，4. 我们注定无法得出我们想要得出的那种普遍规律。

有人可能会说，我们已经获得了许多很好用的普遍规律了。比如万有引力定律：任意两个有质量的物体之间会相互吸引，其吸引力与两个物体的质量的乘积成正比，与距离的平方成反比。再如演化论：当生物个体之间存在差异，并且存在某种选择机制使得某些个体能拥有更多继承了自身特征的后代时，生物种群就会开始演化。

那么，万有引力定律、演化论以及其他普遍规律，如热力学第二定律，它们的存在是否说明了上述由 1、2、3、4 组成的论证，实际上是不可靠的呢？它们是否说明了，"归纳难题"其实不成问题，人类的确可以依靠归纳推理获得普遍规律呢？

●●●

其实，这些看似普遍成立的规律，依然是"在有限的观察范围内"成立的。它们依然要依赖下面的论证：

1. 从过去到现在，自然规律没有变化。

因此，2. 未来的自然规律会像现在一样，不会发生变化。

3. 在我们观测到的宇宙范围内，自然规律是一样的。

因此，4.在我们没有观测到的宇宙中，自然规律和我
　　们已经观测到的宇宙是一样的。

以上论证是不能成立的。以下述思想实验为例：

假设，地球上所有的天鹅都是白色的，包括澳大利亚。世
界上并没有黑色天鹅，也没有灰色等其他颜色的天鹅。那么，
我们能说"所有的天鹅都是白色的"吗？

我们只能说"目前所有观察到的天鹅都是白色的"。因为，
在经过一段时间后，天鹅这个物种会不断演化。如果发生了基
因突变，外加自然选择，说不定就会出现黑天鹅甚至各种颜色
的天鹅个体。

而且，说不定在另一颗和地球非常相似的星球上，那里也
演化出了天鹅这种生物，但是那里只生存着黑天鹅，反而是白
天鹅还没有演化出来呢。

如此一来，我们的结论似乎是悲观的。人类似乎无法通过
归纳法，来得出普遍有效的规律。

有人因此做出了这样的论证：

---

1. 科学必然要依靠归纳法来做出推理，而归纳法是无
　法推理出普遍规律的。
2. 一切宣称自己是普遍规律的科学规律，其实都是不
　可信的。
因此，3.万有引力定律、演化论、热力学第二定律等
　科学规律，都是不可信的。

4. "绿豆治百病""纸符治肝癌""做坏事就会下地狱""人
死后还会轮回转世"等说法中存在的规律，也都是
不可信的。

因此，5. 万有引力定律与"绿豆治百病"等说法中存
在的规律，都是同样不可信的。

你觉得这个论证可靠吗？

•••

在上述论证中，错误之处在于 5 中的"同样不可信"这个
说法。

假设 100 分是绝对可信，0 分是绝对不可信，那么 75 分就
是比较可信，而 25 分就是不太可信。"同样不可信"有两种意
思：一种是说它们都不是 100% 的可信度，另一种是说它们的
可信度一模一样，都是 73% 或 24% 或其他任意数值。

"绿豆治百病"中存在的规律与万有引力定律的可信度都不
是 100%，这或许能接受，但两者的可信度的分数显然不是一样
的。对我来说，万有引力定律的可信度也许是 98%，而"绿豆
治百病"的可信度最多也就 2%。

由于每个人的经验和知识都不同，人们对于同一个命题的
可信度的主观评分，也可能有所不同。但至少对于同一个人来
说，并不是所有的命题都有着同样的可信度。每个人都会依照
证据的数量与质量，来判断任意命题是否值得相信。

目前，大部分受过义务教育和高等教育的人，都认为科
学家、医生、工程师等专业人士给出的一些共识性的判断，其

可信度虽然不是100%，但也都很高，可能有80%以上。而像"绿豆治百病""外星人绑架人类""灵魂转世"等说法，其中存在的规律就算可信度不为0，那也很接近于0，很可能在5%以下。

请想一想

（1）你认为，人类是否有可能获知完全可靠的普遍规律？如果有可能，那会通过什么途径来得到呢？如果不可能，那又是为什么？

（2）你认为，应该通过什么方法来判断那些自称是普遍规律的说法，它们到底可信不可信？

（3）假设100%是绝对可信，0是绝对不可信。你实际上是通过什么方式来对任意说法的可信度进行主观评分的？

37

理论渗透观察
为什么石头会落到地上

 亚里士多德、牛顿、爱因斯坦聚到一起喝茶。爱因斯坦拿起一块小石头，松开手，石头落到了地上。他邀请亚里士多德和牛顿解释这一现象。

 亚里士多德说："地球上的任何东西都由土、火、水、气这四大元素构成。石头主要由土元素构成，而土元素的自然位置就是地球的中心。所以，土元素想要让自己处于地球中心。之前由于手的阻拦，石头未能成功去往地心。现在你松开了手，不去阻拦它，同时因为它被地面上的其他由土元素构成的东西阻挡了去往地心的道路，它因此落到了地面上。"

 牛顿知晓亚里士多德的看法，但他并不认同这种理论。他说："事实并非如此。任何物体之间都有引力，引力会导致物体彼此吸引。而引力的大小与这两个物体的质量的乘积成正比，与两者的距离的平方成反比。整个地球就是一个巨大的物体，它的引力将石头吸引了过来，所以才有了我们眼中石头落地的现象。"

爱因斯坦听了两人的说法，微微一笑，说："事实并非如此。实际上是物质的存在导致了时空弯曲。物质在弯曲的时空中会沿着最短的路径运动，因此引力只是物体的惯性在弯曲时空中的表现而已。"

面对同一个现象，亚里士多德、牛顿、爱因斯坦给出了完全不同的解释。他们都说"事实"并不是另外两人描述的那样。他们都认为，自己给出的描述和解释才是事实。

为什么对"石头落地"这同一个现象，三人给出了不同的描述和解释呢？

•••

来看下面这张图：

在这张图中，有些人看到一个鸭子头，有些人看到一个兔子头。为什么对同样一幅图，不同的人会给出不同的描述呢？

•••

这是因为，不同的人心中有着不同的理论、不同的概念框架。当你带着"鸭子"的概念去看这幅图时，你会把右边突出去的部分看作鸭子的嘴巴。而当你带着"兔子"的概念去看时，被认为是鸭子嘴巴的部分变成了兔子的耳朵。

哲学家托马斯·库恩在其著作《科学革命的结构》中提到，每一个科学家在成长过程中从文化环境里习得的世界观，特别是从教科书中学到的范式，会影响这个人观察周遭万物时的视角。

亚里士多德、牛顿、爱因斯坦三位物理学家有着不同的成长环境，也有着不同的世界观。他们头脑中有着不同的范式和理论模型，这些理论模型包含不同的概念符号。即便他们都说同一种语言，不管是希腊语还是英语，他们也会对同一个物理现象做出不同的描述。这是因为，他们总是戴着不同概念框架的有色眼镜去观察这个世界。

我们总是戴着理论模型的有色眼镜去观察这个世界。这是什么意思呢？比如，假设我对另一个人说了很久的话，内容主要涉及一些知识和道理，告诉那个人应该做出什么样的决策和行动。有人看到了，可能会说："李万中真是个好为人师的人。"还有人会说："李万中是一个乐于与别人分享自己的知识和见解的人。"这两个人带着不同的理论模型来观察我，自然也就看到了不同的事实。

前者的想法是这样的：

1. 如果一个人在教另一个人做事情，那么这个人是个
   好为人师的人。(理论)
2. 李万中在教另一个人做事情。(对于世界的观察)
因此，3. 李万中是一个好为人师的人。(结论)

后者的想法是这样的：

1. 如果一个人在教另一个人做事情，那么这个人是个
   乐于与别人分享自己的知识和见解的人。(理论)
2. 李万中在教另一个人做事情。(对于世界的观察)
因此，3. 李万中是一个乐于与别人分享自己的知识和
   见解的人。(结论)

即便这个世界没有变，我们的世界观有了变化，我们眼前
的景象也会发生变化。如果两个人的理论变化了，即便我还是
在做同样的事情，他们眼中的我也不再是同样一个人了。普通
人是如此，科学家们也是如此。

有些人会认为，既然科学家总是基于某种理论来描述事实，
那么，这是否就意味着，不存在客观中立的事实，来帮助我们
判断哪些理论更好，哪些理论更糟糕了吗？亚里士多德、牛顿、
爱因斯坦都认为自己观察到的现象能作为证据支持自己的理论，
他们也都认为自己的理论能很好地解释这些现象。那么，他们
三人的理论，是否就没有高下之分呢？

•••

　　在"罗素的火鸡"一节中，我们已经知道了归纳法的局限性。可以说，三人的理论都不具有100%的可信度。但我们不能说它们都同样不可信。因为我们依然能根据预测能力的强弱来对比三者，选出其中更优秀的理论模型。统计学家乔治·博克斯说：**所有的模型都是错的，但一些模型比另一些更好用。**

　　理论模型与它所解释的东西之间的关系，就像地图和地区之间的关系。每一张地图都是某个地区的一个理想化的近似模型，都不能完美地模拟那个地区。但我们并不能说不同地图之间没有高下之分。基于实用目的，一些地图会比另一些地图更好用。

　　如果不考虑日常计算的便利性，爱因斯坦的广义相对论是目前关于"石头落地"现象的更好的模型。它虽然依然不完美，但在下一个更好的理论模型出现之前，我们依然可以用这个理论做出很好的预测。预测，正是模型最核心的功能。

　　听了爱因斯坦的解释后，亚里士多德和牛顿都露出困惑的表情，因为爱因斯坦的说法中有太多他们不理解的概念。对于亚里士多德来说，情况更是如此，因为牛顿的说法中已经有太多他不理解的概念了，更何况爱因斯坦的说法。

　　然而，亚里士多德和牛顿都是顶级的聪明人。在爱因斯坦的解释下，两人都理解了当下物理学所使用的理论模型。亚里士多德十分欣慰，后人们提出的理论模型比自己当初的理论模型更好。毕竟，光是发现太阳是一颗比地球巨大得多的恒星，就足以颠覆亚里士多德的世界观了。

牛顿则花了些时间才承认这一点，毕竟，他的理论无法解释光线在太阳等大质量物体旁边弯曲这一现象。而且，牛顿未曾料想到量子世界中的各种奇异现象，这也让牛顿意识到自己的世界观需要改进。尤其是引力波的存在让他意识到自己对于重力的理解有着严重偏差。总之，一旦承认自己的失误，牛顿也就收起骄傲，虚心学习后人的理论了。

由于爱因斯坦提出的理论模型有更强的预测能力，其他两人都承认，爱因斯坦的理论比自己的更好。不过，三人也都认为，爱因斯坦的理论不是完美的，毕竟还有暗物质、暗能量等未能解释的现象。也许还需要许多年的努力，物理学家们才能构想出一个更好的理论模型，解释我们身处的宇宙，以及宇宙中的我们。

请想一想

（1）你认为，是否存在完全不被理论渗透的观察？当我在观察了一下我的左手后说"我的左手有5根手指头"，这个观察命题是否被理论渗透了？

（2）你认为，在不同的世界观之间，是否有优劣对错之分？如果没有，为什么？如果有，该如何区分优劣对错？

（3）你认为，未来几百年甚至几千年后的人们，他们会怎么看待现代人的世界观、理论模型和概念框架？

38

信念之网
一只黑天鹅能证伪"天鹅都是白色的"吗

许多人认为，虽然"所有天鹅都是白色的"这个命题无法用归纳法来证实，但我们却可以依靠观察来将其证伪。只需要一只黑天鹅，就能证伪这个命题。但是，事情真的这么简单吗？

S 国是一个特殊的国家。这个国家的国民都十分热爱科学，小孩子从幼儿园开始就在学习科学研究的方法。可想而知，S 国的大学和科研机构在世界排名中都是最靠前的。

S 国的人一直认为，天鹅都是白色的。毕竟，自古以来的动物学文献都这么记载。全国各地也都能观察到白色的天鹅，没有发现任何其他颜色的天鹅。临近诸国也都是如此。

A 国是离 S 国很远的国家，两国最近才建立外交关系。一天，S 国外派到 A 国的外交大使归国后，向科学院的学者们报告说，A 国有黑色的天鹅，"所有天鹅都是白色的"这个命题是错误的。科学院的学者们听了以后都十分惊讶，但随后便放松地笑了。他们想起今天是愚人节。

大使看到学者们都笑了，焦急地说："诸位学者们，我知道今天是愚人节，但我没有开玩笑，没有骗你们。今天刚好是我回国的日子，我一下船，就立即赶来告诉你们这个信息了。"

学者们见大使的表情十分严肃认真，便问他："你是不是看错了？你现在戴的眼镜有着厚厚的镜片，这足以说明你的裸眼视力不太好。你当时戴着眼镜吗？"

大使回答说："我当时戴了眼镜。而且，我就是在 A 国的动物园里看到的。那只黑色的天鹅离我不是很远，不需要多好的视力也能看清楚。"

学者们又问："有没有可能是你记错了？也许是你梦见了这个场景，但你记性不好，误把梦境当作了记忆？"

大使回答说："我的记性虽然算不上卓越，但这种事情还是不会记错的。我的秘书也跟我一起去了动物园，他也看到了黑色的天鹅。我可以把他叫来做证。总不至于我们两人都记错了吧？"

学者们又问："你怎么知道那是天鹅，而不是另一种和天鹅有点相似的鸟呢？"

大使回答说："天鹅我还是认识的。我从幼儿园到大学一直是动物学俱乐部的会员，还写过一篇关于天鹅与大雁的论文。"

学者们又问："有没有可能是 A 国的人跟你开玩笑，故意把天鹅染成黑色，然后带你去动物园参观？"

大使回答说："这种可能性微乎其微。除非他们能串通好，让所有人的口供都一样。因为当时看到黑色的天鹅后，我找了一些路人询问，并得知他们从小就知道有黑天鹅的存在，也从来不觉得所有天鹅都是白色的。他们甚至认为，大多数天鹅都是黑色的，白天鹅则是罕见的。"

　　学者们仔细考虑了一下，说："看来，我们有必要向 A 国购买一些所谓的黑天鹅。在更详细的调查报告出来之前，我们还不能轻易做出判断。"

　　大使听了学者们的话，也觉得合理。毕竟，学者们不可能也不应该根据自己的一面之词，就修改全国所有的教科书。

　　在上述思想实验中，我们发现，观察到一只黑色的天鹅，并不能立刻证明"所有天鹅都是白色的"是一个假命题。因为这份观察报告需要满足许多条件才能被采信。你觉得要满足哪些条件？

•••

1. 如果做出某个报告的人具备相关的知识，视力等感知能力正常，记忆力正常，并且没有说谎的动机，

　　不存在被其他人误导或欺骗的情况，没有其他可靠
的人给出不一致的报告，那么此人的报告是值得采
信的。

2. 大使报告说存在黑天鹅。

3. 大使有足够的知识，能识别天鹅这一物种。

4. 大使视力正常。

5. 大使记忆力正常。

6. 大使没有说谎动机。

7. 大使没有遭到其他人的误导或欺骗。

8. 此时没有其他知情者报告说不存在黑天鹅。

因此，9. 大使对于"存在黑天鹅"的报告是值得采信的。

　　要使得9这个结论成立，必须要前8个理由都成立才行，而这可不容易。所以，我们不难理解为什么S国的学者们都十分谨慎，不愿意只凭大使的一面之词就推翻教科书上写的内容。

　　如果我们也是S国的国民，哪怕是我们自己亲眼见到了黑天鹅，也不一定会认为"所有天鹅都是白色的"是错误的信念。因为这个信念早已和我们脑中的其他的信念交织在了一起。比如，教科书上的内容是非常可信的，教科书上写着"所有天鹅都是白色的"，我从小到大看到的大量天鹅都是白色的，我周围的所有人都相信"所有天鹅都是白色的"，等等。

　　哲学家威拉德·蒯因有一部著作叫《信念之网》，这本书的书名就是一个关于人类的信念系统的隐喻：我们脑中的各种想法和信念，就像蜘蛛网一样，彼此联系着。

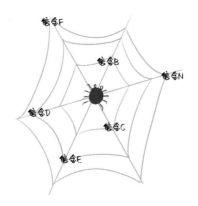

　　有一些信念处于网络的核心地带，它们不会轻易改变。因为一旦改变了这些核心信念，就会导致整个信念之网需要大规模重新编织。有一些信念处于网络的边缘地带，它们可能经常改动。

　　在修改这张网络中的任何信念时，我们不可能只单独修改一个信念。每一个信念都和其他信念有着直接或间接的联系。所以，当我们不断获得更多的新信息和证据时，我们无法单独修改一个信念，我们需要修改整张信念之网。

　　比如，在我的信念之网当中，科学处于核心位置。而"超能力"则与科学不相容。我不相信人可以用意念移动物体，像是用意念打开一个柜子，让柜子中的乒乓球飘浮起来，并飞入一个酒杯中。如果某个人在我面前展现了这种超能力，我也会认为这是一种舞台魔术效果，而不是他真的有超能力。

　　但是，如果他能在实验室条件下，持续稳定地展示出这种意念移物的能力，那么我会怎么做呢？

···

　　我会修改自己的信念之网，而且不是在边缘地带小修小补，而是大幅度修改整张信念之网。毕竟，在我原先的信念之网中，人类的想法只是神经系统的电化学活动的产物。这种电化学活动如果能导致物体在地球的引力场中，违反引力定律，按某人所规划的路径移动，那就说明了当代的物理学、神经科学、心理学以及所有学科的理论，都存在非常大的漏洞，都需要大规模修改。所以，如果某个人能在实验室条件下，持续稳定地展示出这种意念移物的能力，那么我的世界观、人生观和价值观都会发生巨变。

和我一样，你的脑中也有一个信念之网。你也会根据你了解到的新信息，不断去修改并完善自己脑中的信念之网。在"理论渗透观察"一节之中，我们已经知道了，即便我们了解到的新信息是一样的，我们也可能编织出不同的信念之网。这是因为，我们的脑中有着不同的理论、不同的核心信念，以及不同的编织信念之网的出发点。每个人的核心信念，很大程度上不是自己自由选择的，而是父母、兄弟姐妹、老师、同学、同事以及周遭的文化环境，潜移默化地赋予自己的。

人们脑中的信念之网不同，这是否意味着人与人之间无法达成共识？

•••

事实上，人与人之间可以达成共识。虽然人们脑中的信念之网不会完全相同，但人们编织和修改信念之网的方式基本上是相同的。蒯因认为，具备下述优点的信念是值得相信的：

（1）保守性：尽量少地因新信念而大幅度改变旧信念。换言之，如果一个新信念与我们的旧信念之网有大量冲突，那么不要轻易接受这个新信念。比如，我不会轻易相信这个世界上有超能力的存在，因为那会大幅度改变我的信念。

（2）**谦和性：相信那些逻辑上蕴含着更少其他信念的信念。**比如，张三和我合作完成一个项目。张三做得非常失败，导致整个项目没能成功。对此，我可以有两种解释：第一，认为张三的能力不足，所以没能完成他负责的那部分任务；第二，认为张三的能力足以完成这个项目，但他却故意不认真工作，以便拖累我。这里的第一种解释比第二种解释更谦和，因为能力不足者比用心险恶者要更常见。

（3）**简单性：比起复杂的信念，优先相信其解释力相同的简单信念。**比如，用一条简单的直线或渐变的曲线就能拟合的点，就不要用一条弯曲或剧变的曲线去拟合。

（4）**概括性：如果一个信念能应用在更多场景中，那么这个信念的概括性就更高。**概括性和谦和性在一定程度上是相互冲突的，因为概括性越强的信念越是不谦和。但是，当一个概括性极强的信念得到了大量证据的支持时，它的可信度就极高。牛顿经典力学就有很强的概括性，从炮弹的轨迹到大海的潮汐现象，它都能解释。在社会科学中，亨利·泰菲尔和约翰·特纳的社会认同理论也具备极高的概括性，它既能解释儿童的成长和变化，也能解释成年人之间的团结和冲突。这些极具概括性的科学理论是值得相信的。

（5）**可反驳性：不要相信那些原则上不容反驳的信念。**比如，对于手相、星座等方式算命的理论来说，通过运用"福星突然降临"或"算命者功力不够"等说法，可以使算命理论在预言失败时永远免于被反驳。然而，即便它们的概括性极强，这些永远不可能出错的理论都是不值得被相信的理论。用物理学家沃尔夫冈·泡利的话说，这些不可证伪的信念，连错误都算不上。

（6）精确性：相信那些以定量的形式非常精确地描述和预测了事态的信念。现代医学理论就是一种值得相信的理论，它可以预测我拔掉智齿后，只要伤口愈合，就不会再牙痛了。算命理论则预测我喝下符水后，过段时间就不会再牙痛了。前者的预测很精确。后者的预测则很模糊。

请想一想

（1）在你的信念之网中，哪些信念居于核心位置，不会轻易改动？哪些信念居于外周位置，你愿意在获知更多证据后改动？

（2）在出现哪些证据之后，你愿意改变你的核心信念？或者说，你的核心信念不会随着任何证据的出现而改变？

（3）你认为，该如何动态地优化我们的信念之网，才能让我们的整个信念系统变得更好？

39

科学方法
科学研究是怎么一回事

假设张三是一所私立中学的校长。该中学一个年级有 14 个班，每个班有 50 人。学校强制所有学生住校，实行严格管理，控制学生在衣食住行上的方方面面。

张三很重视学生的成绩。他想要知道，有没有什么办法能提高学生的考试成绩呢？为此，张三特意找来了一本教人们进行科学研究的书。书中列举了科学研究的 13 个步骤，如下：

第 1 步：发现一个值得研究的问题。

张三认为，自己已经发现了一个值得研究的问题：哪些因素会影响中学生的考试成绩？

第 2 步：提出假设。假设是我们所研究问题的一个暂时性的答案，它能解答某个问题或解释某个现象。

张三找来学校的教师，让教师们提出假设，集思广益。一位教师说，某地有座很灵验的寺庙，只要诚心拜佛，就可以提高成绩。一位教师说，要让学生每天晨跑，来增强一整天的精气神，提升学习效果，进而提高成绩。一位教师说，应该以形补形，核桃长得很像脑子，吃核桃可以补脑，从而提高考试成绩。一位教师说，明明是吃什么补什么，要让学生吃猪脑、羊脑，这样才能让学生的脑子更好用，也就能考取更好的成绩。

第 3 步：回顾科学文献，了解其他人对这个问题和假设已经做过的研究。

张三在网络上搜了搜，没有找到其他人做出的研究成果。这让张三相信，他接下来要进行的研究是开创性的。

第 4 步：尽可能识别所有与假设和问题有关系的因素。

张三认为，有许多因素和学生的考试成绩都有关系。比如，考试的难度，教师的教学能力，教师投入到教学中的时间，学生的学习能力，学生投入到学习中的时间，学生的营养水平，学生的学习动力，甚至佛菩萨护佑的程度。

第 5 步：为每个因素制定操作性定义。

张三不太懂什么是操作性定义。经过一位教师的提醒，他认为用数字来量化自己想要测量的东西，就可以算作制定操作性定义了。所以，当他想要测量考试成绩时，由于考试成绩已经用数字量化了，便可以算作具有操作性定义了。

第 6 步：设计一个实验流程，确保能收集到需要的数据。

张三原本准备将 42 个班分为 3 组，每组 14 个班，分别是拜佛组、晨跑组、吃东西组。在一位教师的提醒下，张三最终决定将 42 个班分成 7 组，每组 6 个班。

第 1 组是拜佛组，每个月用大巴车把这组学生带到那所寺庙里，让大家拜佛以求学业进步。第 2 组是搭车组，每个月都用大巴车把学生带到一个风景秀丽的地方，让大家做类似拜佛的俯卧撑动作。第 3 组是脑花组，这组学生每天的食物中都有动物的脑组织。第 4 组是核桃组，这组学生每人每天都吃 3 个核桃。第 5 组是安慰剂组，这组学生每天都吃一些"补脑药片"，但实际上只是淀粉片。第 6 组是晨跑组，这组学生每天第 1 节课之前都晨跑半小时。第 7 组是对照组，这组学生没有进行任何特殊处理。

目前，这所学校每个班的平均成绩都差不多。张三准备收集这 7 组学生在接下来的一年中的每次考试的成绩，看看这 7 组学生的成绩是否有重大差异。由于每次考试的试卷都是一样的，所以考试题目的难度也是一样的。

第 7 步：确保实验是可行的。比如实验经费充足，进行这项实验不会造成什么不必要的损害。

张三认为自己是校长，可以控制学生参与这项大型实验。实验开销也很小，不用担心经费不足。而且，实验操作不涉及开颅手术这类的危险项目，他认为应该不会给学生造成什么损害。

第 8 步：实施研究并收集数据。

张三按照计划，将 42 个班分成了 7 组，每组 6 个班。每组也按照计划进行了特定的操作。经过了一年后，所有学生都经历了 8 次标准化的考试，分别是 4 次月度考试，2 次期中考试，

2 次期末考试。每次考试都会考所有科目。

第 9 步：对数据做出分析。

张三让某位数学教师分析考试成绩。

第 10 步：解读研究的意义。

数学教师发现，这 7 组学生的考试成绩，没有显著差异。这也许说明，拜佛、搭车、晨跑、吃脑花、吃核桃，吃安慰剂这 6 种特殊的操作，对考试成绩没有什么影响。它们不会降低考试成绩，也不会提高考试成绩。

第 11 步：对研究做出批评。

张三认为，实验没有取得预期的效果，有很多地方还有改善的空间。比如，实验只持续了 1 年，应该要持续 3 年，收集更多的数据。学生吃的脑花和核桃的量可能不够多，也许要再多吃一些才能产生效果。很多学生去寺庙里拜佛时带着玩耍的心态，不够诚心。他还认为，这次研究没有确保不同组的教师是一样的。即便不同组的考试成绩出现了差异，也可能是由于教师导致的，而不是由于实验操作导致的。

第 12 步：发表这项研究。

张三以这次研究为基础，写了一篇论文。那位提供分组建议的教师和对数据做出分析的教师也被算作论文作者，而某个教育学期刊收录了这篇论文。

第 13 步：邀请其他人一起加入后续的研究中来。

张三在论文的末尾，邀请其他人对这项研究提出更多的改进建议，并邀请更多的学校加入后续的研究中来。

上述思想实验中介绍的科学研究的 13 个步骤，是我在心理学家彼得·范西昂给出的经验推理流程的基础上，简化后得到的。仅仅看这 13 个步骤，我们会发现科学研究并不简单。

你觉得张三的这项科学研究做得怎么样？

•••

张三并没有严格按照这 13 个步骤进行科学研究。探究影响学生考试成绩的因素的确是一个值得研究的课题，但值得研究的课题通常早已被人研究过。

---

1. 如果一个课题是值得研究的，那么人们就有很强的动力去研究它。

2. 如果人们有很强的动力去研究某个课题，那么当资源充足时，人们就会去研究这个课题。

3. 我们身处的社会不是一个非常穷困的社会，我们有比较多的科研基金。

因此，4. 在我们这个并不穷困的社会中，如果一个课题是值得研究的，那么就应该能找到其他人已经有的研究成果。

但张三却误以为没有相关研究成果，这是为什么呢？

$\cdots$

因为张三做出了错误的推理：

---

1. 张三在搜寻相关科学文献时，没有找到前人的相关研究成果。

因此，2. 这个课题中不存在前人的相关研究成果。

在 1 和 2 之间，还缺少了一个隐藏的 1.5（张三对于这方面的信息进行了全面且深入的搜索）。然而这个 1.5 并不为真，张三在回顾科学文献时，不够仔细和认真。

张三的这种错误推理很常见。其正确的形式如下：

---

1. 如果对 × 相关的信息进行了全面且深入的搜索，并且没发现 × 相关的信息，那么可以暂且认为不存在 × 相关的信息。

2. 张三对 × 相关的信息进行了全面且深入的搜索。

3. 张三没发现 × 相关的信息。

因此，4. 张三可以暂且认为不存在 × 相关的信息。

事实上，上述推理中的 1 和 3 时常能满足，但 2 常常不能满足，于是 4 这个结论也就不能成立。所以，张三并不能从"没发现"直接推理出"不存在"。

在进行科学研究的 13 个步骤中，张三在第 3 步就已经有了重大失误，这是否会影响他在后续步骤中的表现？

•••

　　这的确导致了他后面的步骤也做得不够理想。因为，如果他能了解已有的科学文献，那么他就能更好地了解影响考试成绩的重要因素。在了解前人是如何设计科学实验来探究问题之后，他也能学到实验设计的方法和科学研究的窍门，而不是像现在这样，只能给出一份不尽如人意的研究报告。

　　不过，我们也不用对张三太过挑剔。毕竟，他能意识到自己的错误，愿意虚心向其他人请教。比如，在第 6 步中，他原先认为只要将学生分成 3 组就够了，后来他才知道，要分成 7 组才能确保变量得到控制。尤其是要加入对照组，以便和实验组形成对比。

　　而且，张三也低估了自己的研究结果的价值。他虽然没有发现一种能有效提高考试成绩的办法，但他的研究至少说明了那 6 种办法很可能没什么用。我们可以不用往这 6 种办法中投入时间和金钱了。毕竟，做任何事情都是有机会成本的。

请想一想

（1）在了解进行科学研究的这 13 个步骤之前，你认为科学研究是什么样的？你会将科学研究的流程划分为哪些步骤？

（2）你现在能想到哪些值得研究的问题吗？

（3）请从你觉得值得研究的问题中挑选 1 个，然后试着按照这 13 个步骤，对其展开科学研究。

40

缸中之脑
我们感知到的世界是真实的吗

你正在阅读这段文字，你可以看见自己放在书页边的手，也可以用另一只手抚摸自己的下巴。

如果我说，这一切都是幻觉，你会相信吗？

就在昨晚，你被麻醉了。一位疯狂的科学家切开了你的颅骨，将你的脑子完整地取了出来，泡在了一缸营养液中。有许许多多电线连着你的脑子。电线的另一头是一台超级计算机，这台计算机模拟了一个你正在阅读这段文字的场景，然后将这个场景的信息输入你的脑子里，让你误以为自己正在以完整的身躯阅读这段文字。

实际上，你只剩下一个"缸中之脑"了。

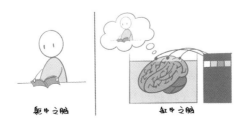

躯中之脑　　　缸中之脑

这个思想实验是哲学家希拉里·普特南提出来的。历史上还有很多类似的思想实验，比如笛卡尔设想的欺骗自己的全能恶魔，以及庄周梦蝶的故事。

电影《黑客帝国》也对这一思想实验有生动的描述：

程序员托马斯·安德森的黑客化名是尼奥。尼奥总觉得自己身处的世界存在难以言喻的不协调感。经过一番调查，他知道这一切都跟被称作"矩阵"的神秘事物有关。在另一名黑客崔妮蒂引导下，尼奥和神秘人物墨菲斯联系上，想从他口中得知"矩阵"的真相。

墨菲斯给尼奥提供了两种药丸的选择。红色药丸可以揭示矩阵的真相，蓝色药丸可以让他忘记这一切，回归以前的生活。尼奥吃下红色药丸后，很快就从一个充满液体的吊舱中醒来，身边还有无数其他人类也躺在其他舱中，一动不动。

墨菲斯将尼奥带到飞行船上，向他解释了情况。原来，在电影的构想中，21世纪初时，人类和智能机器之间爆发了一场战争。在人类阻止机器获取太阳能后，机器抓捕人类，获取人类的生物电力。同时，机器还创造出了"矩阵"这个以1999年的世界为原型的虚拟世界。通过大脑联结器，机器向人类输入视觉、听觉、嗅觉、味觉、触觉等信号，让人们误以为自己生活在这个虚拟的"矩阵"世界中。

在了解这两个思想实验之后，你会认为自己是缸中之脑吗？你会认为自己生活在超级计算机模拟的虚拟世界之中吗？

●●●

你可能和大部分人一样，在了解这些思想实验后，并不认为自己是缸中之脑，也不认为自己生活在超级计算机模拟的虚拟世界中。

那么，你会给出什么样的论证，来支持你的结论呢？

●●●

人们很难给出好的理由来使自己相信自己并不是缸中之脑，小部分人甚至因为无法证明自己不是缸中之脑而感到焦虑。我们先来看看这一小部分人的论证：

---

1. 对于你现在感知到的一切，有两种可能的解释：一是你处于正常状态，也就是躯中之脑；二是你被做了开颅手术，变成了生活在计算机模拟环境中的缸中之脑。

2. 这两种假说都能完美地解释你所经历的一切，似乎没有任何办法帮助你分辨哪种假说更好、更可信。

因此，3. 你可能是躯中之脑，也可能是缸中之脑。其中，后者的可能性达到了 0.5 这种不容忽略的程度。

4. 如果你是缸中之脑，那么你认识的一切都是假象，你爱的人、事、物都不是真实的。

5. 你认识的一切都是假象，你爱的人、事、物并不真实，哪怕这种情况只有 0.5 的可能性，这也是一个令人焦虑、恐惧甚至绝望的情况。

因此，6. 你应该为自己有可能是缸中之脑感到焦虑、恐惧甚至绝望。

你觉得这个论证如何？

•••

表面看来，这个论证似乎挺有道理的。但我认为，1不太正确。对于我们现在所感知到的一切，并不只有两种解释，实际上有无数种解释：

---

1. 对于你现在感知到的一切，有无数种可能的解释：一是你处于正常状态；二是你处于缸中之脑模拟的正常状态；三是你处于缸中之脑模拟的缸中之脑模拟的正常状态；四是你处于缸中之脑模拟的缸中之脑模拟的缸中之脑模拟的正常状态；五是……

2. 我们并不认为每一种可能的解释都是同样可信的。一般认为，越是复杂、冗余的解释，越是不如简洁的解释可信。

3. 第一种解释是最简洁的，第二种比第一种复杂一些，第三种又比第二种复杂一些……

因此，4. 我们应该相信自己处于正常状态。

这类似于说，你现在有可能醒着，正在读这本书，也可能在做梦，梦见你正在读这本书，也可能在做梦，梦里又在睡觉和做梦，梦见自己在读这本书，还可能有更多梦中梦。有无数种假说都能解释你现在所感知到的一切，但这无数种假说的可信度并非一模一样。

你可以相信给自己带来感官体验的源头是一个有序的物理

世界，也可以相信自己活在某个伪装成物理世界的虚拟世界中。不过，相信简洁的解释比较理智。除非你获知了一些额外的信息，让你有理由认为这个世界并不真实，就像《黑客帝国》中的主角尼奥一样：

> 你觉得这个世界好像不太对劲，周遭的场景似曾相识，好像周围人不断重复说着同样的话，做着同样的事情，似乎陷入了某种循环。有些人离奇失踪，似乎是在大庭广众下突然消失的，好像是出现了数据丢失。有些人会突然僵住不动，其他人无法改变这些人的空间位置。有些人则会互相重叠，分开后又像没事人一样，毫发无损。有一天，你甚至看到了两朵一模一样的云，以及和云朵的轮廓一模一样的草丛。这些信息让你怀疑自己生活的整个世界可能是个虚拟世界，而这个虚拟世界好像在不断出现 bug。

假设你真的感受到了这些情况，这是否意味着你一定就生活在一个虚拟世界之中呢？

•••

即便你经历了这些不可思议的情况，也不一定就意味着你生活的整个世界并不真实：

1. 你经历了一些不可思议的情况，比如周围人出现行为和言语上的循环，有人离奇消失，有人僵住不动，有人互相重叠。两朵云的形状一模一样。某朵云和某片草丛的形状一模一样。

2. 对于这些情况，有多种解释：一种是整个世界是虚拟世界，这个虚拟世界正在不断出现 bug；另一种是你现在正在做梦；还有一种是你的神经系统可能出了问题，使你产生了幻觉；更有一种是某个超能力者在捉弄你。当然，可能还有很多你暂时没有想到的解释。

3. 目前，你没有更多信息帮助自己判断哪种解释更合理。因此，4. 你需要去收集更多信息，帮助自己判断哪种解释更合理。比如，你需要去医院检查一下自己的神经系统；你需要等待足够长的时间，看自己能否从梦中醒来；你需要去更细致地调查那些不可思议的情况，看看它们是否有某种规律和模式。

请想一想

（1）你认为你身处的世界是虚假的吗？

（2）你认为，我们该如何比较多种不同的解释之间，哪一种更加简单？

（3）假设你的确生活在一个由超级计算机模拟的虚拟世界之中，并且这个超级计算机永远都不会出故障，因此这个虚拟世界可以永远稳定地运转。那么，你觉得这种情况会比生活在真实世界中更差吗？

先有鸡还是先有蛋

如何在模糊的世界中划分出精确界限

小明是个 6 岁的孩子，他喜欢观察家里养的鸡。经过一段时间的观察，他敏锐地发现，每一颗鸡蛋都是由母鸡产下的，而每一只母鸡都必须要从鸡蛋中被孵化出来。于是，他就找到爷爷，问："爷爷，蛋是从鸡里出来的，鸡又是从蛋里出来的，那到底是先有鸡还是先有蛋？"

你可不要以为这个问题只是个琐碎的文字游戏，或者脑筋急转弯。这个问题非常重要，它既是一个生物学问题，也是一个哲学问题。哲学家王浩提出过一个与此相关的悖论：

---

1. 自然数 1 是一个很小的数。
2. 如果一个数是很小的数，那么这个数 +1 之后得到的数，也是很小的。

因此，3. 所有自然数都是很小的数。

3这个结论是荒谬的，比如一亿就是一个巨大的自然数。存在一个巨大的自然数，这就足以证明"所有自然数都是很小的数"是一个错误的结论。但是，1和2这两个前提，单独来看时似乎没什么问题。由1和2推理出3的过程，叫作数学归纳法，这种方法也是没有问题的。

但是，这样的推理就像是一列多米诺骨牌：

---

1. 一块骨牌的倒下必然能导致下一块骨牌跟着倒下。

2. 第一块骨牌被推倒。

因此，3. 所有骨牌都会被推倒。

当1和2这两个条件都能满足时，就一定会出现3这个结论。哪怕最后一块骨牌是第一亿块，它也会被推倒。

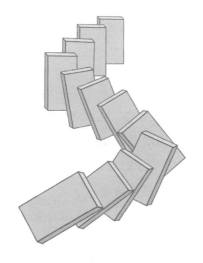

为什么会出现王浩悖论呢？

•••

之所以会出现这种悖论式的情况，是因为"很小"是一个模糊性概念。模糊性概念又叫连续性概念、程度化概念，我们不清楚这种概念的边界情况，也不清楚究竟要多小才算是"很小"。"富人""红色""谷堆""秃头""美丽""聪明"等概念，都有模糊性。我们总是可以利用概念的模糊性来造出前提可信但结论却不可信的论证。

比如秃头：

---

1. 一个人的头上新长出一根头发，不会改变这个人的秃头性质。
2. 头上一根头发都没有的人是秃头。
因此，3. 无论一个人的头上有多少根头发，这个人依然是秃头。

又如穷人：

---

1. 一个人多拥有一元钱，不会使这个人摆脱穷人的身份。
2. 身无分文的人是穷人。
因此，3. 世界首富也是穷人。

再如黄色：

---

1. 在一大桶黄色颜料中，加入一滴蓝色颜料，这桶颜

　　料依然是黄色颜料。

因此，2.在一大桶黄色颜料中加入另外一大桶蓝色颜
　　料后，它依然是黄色颜料。

　　你现在大概能体会到，日常生活中诸多概念都是模糊的。但是，你知道"鸡"这个概念也有模糊性吗？

•••

1.世界上存在一定数量的鸡。

2.每一只鸡的妈妈也都是鸡。

因此，3.世界上存在过无穷多的鸡。

　　3这个结论是荒谬的，1这句话是无可置疑的。而1和2的确可以有效地推理出3。所以，问题一定出在2上面。并不是每一只鸡的妈妈也都是鸡。从生物演化的角度来看，鸡是一种鸟，而鸟是恐龙演化而来的。所以，曾经有一只鸡，它的妈妈其实是恐龙。但这种说法，无异于说，曾经有一个秃头，他新长出一根头发后，就不再是秃头了。

　　"秃头"这个概念并没有明确的分界线。我们可以把人粗略分为三类，一类属于典型的秃头，一类则明显不是秃头，还有一类既像是秃头，又不像是秃头。

　　讨论鸡及其祖先时，也可以做出类似的分类。一类是典型的鸡，一类是典型的恐龙，还有一类既可以算作鸡，也可以算作恐龙。而这第三类动物，它们的外观和生理结构既和鸡有点

像，又和恐龙有点像，常常使我们难以做出明确的分类。

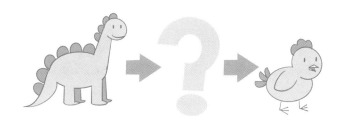

　　颜色也同理。在一大桶黄色颜料中加入另外一大桶蓝色颜料后，颜料会变成绿色。但这个绿色看起来既像黄色，又像蓝色，我们很难对此做出明确的区分。

　　在了解到这么多概念都有模糊性之后，你认为具有模糊性的概念更多，还是不具有模糊性的概念更多？

●●●

　　世上大部分概念都是模糊的，没有模糊性的精确概念反而是少数。一些数学概念是没有模糊性的，比如"偶数"。任何一个整数，它要么是偶数，要么不是偶数，不存在勉强算作偶数或者勉强不算作偶数的情况。但在数学、逻辑学之外，概念大多是模糊的。比如，智能手机和电脑之间有明确的分界线吗？可不可以把智能手机称为掌上电脑？再如，杯子和碗之间有明确的分界线吗？我家就有一个碗状的杯子，它有杯子的手柄，但它基本上是一个碗的形状。

碗　　　　碗或杯子？　　　杯子

为什么这么多概念都是模糊的呢？

$$\bullet\bullet\bullet$$

有人认为，因为这个世界本来就是模糊的、连续的。所以，用模糊性、连续性概念来描述模糊的世界，实际上是恰到好处的。

有人认为，世界并不是模糊的，秃头与非秃头、鸡与恐龙、绿色与黄色之间的确有精确的界限。而概念之所以模糊，是因为人类的认知能力有限，导致我们无法认清不同情况间的精确界限。

还有人认为，世界并不是模糊的，人类的认知能力也足够强，可是像汉语、英语这样的自然语言系统不够精确。如果我们使用了一种更科学、更精确、更符合逻辑的语言符号系统，那么就能划分出精确的界限。一些人认为，数学和逻辑学正是这种更精确的语言符号系统。

不管哪种看法更合理，概念的模糊性都难以避免。**当环境不要求我们做出精确的界限时，我们就得学会容忍这种概念的模糊性。**比如，我们可以容忍"爱"这个概念的模糊性。我们不一定非得问"她到底是爱我还是不爱我"，我们可以问"她爱我的程度有多深"，或者"与她爱别人的程度相比，她是否更爱我"。

如果环境一定要求我们划分出精确的界限，那么我们就可能会划分出一些武断的界限。比如，"考试合格"就是一个武断的界限。60分合格，59分不合格，但59分的考生和60分的考生在实力上几乎没什么区别。但由于我们武断的界限，可能会导致前者无法通过考试拿到认证，后者却能拿到认证。这个武断的界限对于处于界限附近的人来说，可能是不幸或侥幸的。但对于大多数人来说，有一个武断的界限总比没有界限更好。

假设环境要求我们划分出精确的界限，但这个界限又确实很难划分出来，那么我们该怎么做？

为了在难以划分出界限的情况下划分出精确的界限，我们能做的，只有和大家聚在一起协商，并做好修改界限的心理准备。也许，今天最聪明的头脑聚在一起划分出的界限，也会被我们的后人修改。因为我们的后人可能会比我们拥有更好的概念框架，他们可能会比我们更聪明。

请想一想

（1）你认为，为什么这么多概念都是模糊的？

（2）在哪些情况下，模糊性概念并不会妨碍我们的工作和生活？在哪些情况下，模糊性概念会导致我们做出错误的判断和决策？

（3）如果一定要武断地划分出精确的界限，你认为以什么方式做出划分会减少这种武断？

42

同一性
我们怎么知道两个东西是不是同一个东西

　　未来出现了一种全新的交通方式：传送器。传送器由五个部分组成，一是扫描装置，二是信息传输与接收装置，三是解构和回收装置，四是原子储存库，五是类似3D打印的建造装置。

　　它的工作原理非常简单，只要将任意一个东西放在起点传送器的扫描装置里，它就会在原子层面扫描这个东西的物理结构，然后将这份物理结构图发送给终点传送器。终点传送器收到这张蓝图后，起点传送器就会解构（摧毁）扫描装置上的东西，将其变成微小的原子，并回收进入原子储存库里。而后，终点传送器会从自己的原子储存库中调取材料，根据那张蓝图，利用建造装置来制造一个和原先那个东西一模一样的东西。

　　刚开始，人们只用传送器来传输一些工具，如汽车、家用电器、实木家具等。后来还有人传输宠物猫或宠物狗。最后，甚至有敢为天下先的人尝试了人体传输。传输效果非常好。体验者说，就像是走进一个小房间，然后突然（实际上过了一分钟）就出现在另一个小房间里，打开门后又是另一个地方了。

从此以后，地球上大约八成的人都经常在用传送器。似乎上一分钟在家里，下一分钟就可以抵达公司或者各个旅游景点。这甚至还解决了高房价的问题，届时大城市的房价大幅度下降，倒是一些风景优美但位置偏僻的地方，房价有小幅度上涨。

不过，始终有五分之一的人，坚决不用传送器。这些人认为，使用传送器后，自己就"死"了。从传送器另一端走出来的人，是另一个人，不再是自己了。

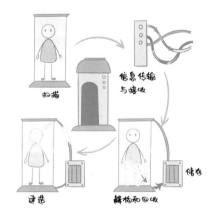

假设真的出现了这种传送器，你会不会去使用它呢？

• • •

有些人坚决不使用这种传送器，你认为这些人为什么会做出这种决定？

•••

不使用它的人给出了这样的论证：

---

1. 如果两个东西不是由同一堆物理材料构成的，那么它们不是同一个东西。
2. 走进起点传送器的人和走出终点传送器的人，两者不是由同一堆物理材料组成的。

因此，3. 走进起点传送器的人和走出终点传送器的人，虽然长相一模一样，但不是同一个人。

4. 如果一个人的身体被解构，或者说被粉碎成原子状态，那么这个人就死了。
5. 走进起点传送器的人的身体被解构了。

因此，6. 走进起点传送器的人已经死了。

7. 我不想死。

因此，8. 我不应该走进起点传送器。

这个论证看起来挺有道理的。还有个著名的思想实验——特修斯之舟，它也在探讨这个同一性问题：我们怎么判断两个东西是不是同一个东西？

有一艘名为"太阳号"的船，船主会定期更换船上的部件，并将拆下来的部件放进仓库里。久而久之，这艘船上的每一个部件都更换了，甚至没有一颗螺丝还是出厂时的原件。不过，船主依然认为，自己的这艘船还是"太阳号"，它只是在不断更新而已。就像人体每天都在新陈代谢。每过几年，人体中的每一个原子都可能换新了，但我们依然认为自己还是同一个自己。

突然有一天，船主发现仓库里堆满的零部件已经可以完整建造一艘船了。于是，他让工厂组装了这艘船。新船看起来和"太阳号"一模一样，就是有一点儿老化。这艘船使用的零部件正是"太阳号"刚出厂时的所有零部件。不过，船主并不认为这艘船是"太阳号"，因此他将这艘船取名为"月亮号"，还去航运管理部门做了登记。而原本那艘船，虽然零部件都更换了，但登记的名字依然是"太阳号"。

还有个更简短的思想实验，名为祖传的斧头：

我爷爷的爷爷传给我一把斧头。虽然斧柄换了四次，斧刃也换了三次，但它还是原来的那把斧头。

这两个思想实验是如何回答同一性问题的呢？

•••

在这两个思想实验中，人们倾向于认为，要把两个东西认定成同一个东西，而组成这个东西的物理材料并不是最重要的。我们似乎是根据其他的标准来做出认定的。那么，我们该根据什么标准来认定两个人是不是同一个人呢？

•••

对于人们来说，也许记忆的连续性会比肉体的连续性更重要：

在新海诚的动画电影《你的名字》中，有一天男主角起床后，发现自己的身体好像变了，胸前多出了隆起的乳房，上厕所时也发现自己似乎少了点什么。照镜子一看，镜子中的自己的模样完全不同了。后来，他意识到，自己和一个女孩交换了身体。那个女孩的"灵魂"似乎在自己原来的身体里，而自己的"灵魂"则进入了她的身体里。

在这种不可思议的场景中，我们可能会认为，"灵魂"才是认定某个人是谁的主要因素，肉体只是次要因素。请注意，这里说的"灵魂"不是指鬼魂。在现代科学的语境下，灵魂是指记忆、性格、能力等一个人的稳定的行为模式。根据稳定的行为模式来认定某个人是某个人，似乎更符合现代社会的运作规律。

四月一日晚上十一点，身处北京的我（男性）和身处广州的某位女士结束了一天的工作，沉沉地睡去了。四月二日早上七点，我们发现自己的身体交换了。通过电话联系，我们决定积极向医生以及科学家求助，试图将身体换回来。但科学家们说，目前毫无解决办法，也许几十年后的科技水平才能做到这一点。

在这种情况下，我们都认为，自己应该住在原来的家人的身边。我应该带着这具女性躯体，住回北京。而她则应该带着男性躯体，住回广州。

在这次的身体交换事件中，我们都有损失，但她的损失似乎更大。她是游泳运动员，现在无法再参加女子组的比赛了。我的主要工作是写作和上课，出版社和学生并不介意我的性别发生改变。为此，我需要给她一些经济补偿。当然，是由我支取那个男性躯体的银行账号上的钱，因为只有我才记得密码。

不过，我当初的指纹密码需要改动，因为我这具女性躯体的指纹已经无法打开我原来的智能手机。

上述思想实验包含了什么样的论证呢？

••

论证思路如下：

---

1. 如果两个人有着几乎一样的记忆、性格、能力等稳定的行为模式，那么这两个人其实就是一个人。
2. 四月一日的某位北京男士和四月二日的某位广州女士，两者有着几乎一样的行为模式。
3. 四月一日的某位广州女士和四月二日的某位北京男士，两者有着几乎一样的行为模式。

因此，4. 四月一日的某位北京男士和四月二日的某位广州女士，其实是同一个人。而四月一日的某位广州女士和四月二日的某位北京男士，其实也是同一个人。

5. 四月一日的某位北京男士和四月二日的某位广州女士，两者的物理材料不一样，甚至生理结构都不一样，但我们依然将两者认定为同一个人。

因此，6. 虽然构成某个人的物理材料不一样了，甚至生理结构也不一样了，但这并不妨碍我们将其认定为同一个人。我们可能会说，那是同一个人的两种不同状态。

不过,在特修斯之舟的思想实验中,也有一部分人觉得,那个"月亮号"才应该是"太阳号",毕竟构成"月亮号"的物理材料就是"太阳号"刚出厂时的物理材料。也许,航运管理部门对于船只同一性的认定有专门的规定,就像交警部门也许对汽车同一性的认定有专门的规定。汽车经历了多大的维修和改装后,才会被认定是另一辆汽车?我爸爸曾在交警部门工作过。他跟我说,如果一辆车同时更换引擎和车架,那么就会被认定是另一辆汽车了。

但在认定人格同一性时,物理材料也许没有那么重要。

突然有一天,周围的人开始认为我不再是原来的那个人了。因为我不再能写作和上课,不再了解跨学科的知识。而且,我也不再认识周围的亲朋好友,不再记得我们曾经的交往历史。我还变得非常擅长游泳,而且很熟悉广州这座城市,反而是北京让我觉得陌生了。虽然那些关心我的人依然愿意照顾我,但他们不再以曾经对待我的方式来对待我了。

在这种情况下,相信大家会认为,虽然组成我的物理材料几乎没有变化。但是,我已经不再是原来那个人了。因为,我的行为模式发生了剧变。

不过,以行为模式来认定人格同一性,依然可能面临一个麻烦。

假设我去公司上班,从家附近走进了甲传送器。但传送器并没有正常运转,它没有将我解构并回收。我感到困惑,又从甲传送器中走了出来,然后重新走进去。这次它运转成功了。

但是，当我走出乙传送器时，我的同事们都惊呆了。因为，就在一分钟前，有一个和我长得几乎一模一样的人，已经从乙传送器走出去了。而此刻，我与那个和我长得几乎一模一样的人面面相觑，不知该如何是好。

请想一想

（1）如果我真的遇到传送器故障的情况，出现了另一个和我长得几乎一模一样的人，你会给我出什么主意？

（2）你会为先走出乙传送器的那个人出主意，还是为后走出去的人出主意？

（3）你认为，该依靠什么标准来判定人格同一性？判定人格同一性的标准，与判定"船只同一性"的标准是否相同？

第七部分
PART 7

关于人类的心智与行为的思想实验

43

图灵测试
机器会思考吗

机器会思考吗？机器拥有智能吗？这些问题难以回答，因为我们不知道"思考"和"智能"的定义是什么。数学家艾伦·图灵提出了一个思想实验，可以帮助我们回答这些困难的问题。

有这样一个模仿游戏：主持人向幕布后的一男一女询问各种问题，以分辨两人的性别。两人都不能发出声音，只能以文字回答。而且，游戏要求女人尽可能模仿男人，或者男人尽可能模仿女人，让主持人难以分辨。

设想让机器玩一个类似的游戏。主持人通过提问来分辨谁是机器，谁是人，而机器和人都试图让主持人认为自己才是人，而假设有一台机器能成功在大多数情况下骗过大多数主持人，那么，我们是否可以认为这台机器已经拥有了不亚于人类的智能呢？

　　这一模仿游戏现在被称作图灵测试。图灵本人会认为，如果一台机器通过了图灵测试，那么就理应认为它拥有智能了。你觉得图灵的思路是什么？

　　图灵可能会这样想：

---

1. 如果某物能做出种种表现，从而让其他拥有智能之物认为它也拥有智能，那么就应该认为该物拥有智能。

2. 正常的成年人类拥有智能。

因此，3. 当计算机能做出种种表现，让正常的成年人类认为其拥有智能时，我们就应该认为计算机也拥有智能。

　　有人不同意这个论证。他们说，计算机只会让人误以为其拥有智能，它本身并不真正拥有智能。你觉得图灵会怎么回应这种反对？

···

　　图灵可能会说：

---

1. 如果计算机不具备足够强的智能，那么它就无法成
功误导和欺骗有智能的人类相信它有智能。

因此，2. 如果计算机能够成功让有智能的人类误以为
它有智能，那就意味着计算机具备足够强的智能。

图灵测试的洞见在于，他切断了智能与实现智能的物理系统之间的必然联系。他认为，一个东西有没有智能，不应该通过这个东西的内在结构来判定，而应该通过这个东西的外在表现来判定。这一洞见可以通过哲学家狄德罗的思想实验来说明：

如果有一只鹦鹉会说话，而且能流利地回答人类提出的各种问题，那么，就应该认为那只鹦鹉拥有智能。

换言之，智能可以通过不同的方式来实现。如果人类、海豚、章鱼、乌鸦可以通过不同方式来实现智能，那么理论上，计算机也可以。

图灵最初的构想，只是要求机器模仿人类的语言交流能力。语言交流能力的确是人类智能的巅峰，但它并非全部。人除了会说话，还会做很多厉害的事，比如计算、绘画、烹饪、科研、

建筑。在一些领域，机器的确已经不比人差了。比如作为一个普通人类，我不认为自己的人脸识别能力比我的手机更强。

图灵测试要求机器模仿人类。假设人工智能进一步发展，许多人的智能水平已经不如机器了，那我们是否可以要求人类去追赶机器的智能表现呢？

···

张三、李四和王五去一家公司参加笔试。张三应聘会计，李四应聘程序员，王五应聘翻译。然而，张三和王五没有通过笔试。李四通过笔试了，但没有通过面试。后来，他们聚到了一起。

王五说："这家公司怎么回事？我笔试答得特别好，怎么可能没有通过呢？"

张三说："俺也一样。"

李四说："你们有所不知。笔试用了类似图灵测试的方式，在我们答题的时候，他们让人工智能程序做同样的题。如果我们的分数低于人工智能，就会被直接淘汰，超过了才能进面试。"

王五说："人工智能已经这么厉害了吗？我承认，机器翻译的技术日新月异，但还是有很多双关语，人工智能不会翻译吧？要是能进面试，以我的水平，一定能通过。"

李四说："面试也不是面谈，而是文字交流。面试官同时和你以及人工智能进行沟通，他并不知道哪个是人，哪个是人工智能。如果无法区分，或者他不觉得你比人工智能强，那么你也会被淘汰。我就是面试没表现好。"

张三："这是什么人工智能？要是人工智能都这么厉害，俺以后岂不是要失业了？"

李四："我也不知道。可能有些岗位容易被取代，有些则不那么容易吧。"

沿着类似的思路，我们可以说，如果在某个领域中，表现最强的人类也不如人工智能，那么人工智能就已经在那个领域达到了"超人"的水平。比如，在围棋等竞技游戏中，人工智能已经远超人类。如果在所有领域中，最强的人类也不如人工智能，那就意味着通用的超级人工智能已经实现了。有人预期，2050 年就能实现通用的超级人工智能。

请想一想

（1）你认为，人工智能已经在哪些领域中达到了超人的水平？

（2）你认为，哪些工作容易被人工智能所取代？哪些工作不容易？

（3）人工智能有没有可能在所有领域中都达到超人的水平？如果有可能，你认为大概多久以后能达到？如果不可能，那又是为什么？

44

中文屋
机器真的会思考吗

人脑非常复杂，因此人类会借助自己知晓的最复杂的机器来理解大脑。机械钟刚发明时，人们认为人脑是一台超级复杂的钟。计算机出现后，人们认为人脑是一台超级复杂的计算机，而心智是运行于其之上的软件。

但是，哲学家约翰·塞尔并不认为人脑是计算机，心智是计算机软件。他认为，现有的计算机并不理解符号，这些机器只不过遵守机械化的规则，以非常快的速度操纵符号。

以**图灵机**这种虚拟机器为例。它包含这几个部分：

（1）一位寿命无限长的傻瓜，视力正常，记忆力正常，能控制自己的手，能读懂傻瓜式的操作指令，能记住自己当下处于什么状态。

（2）一些傻瓜式的操作指令。比如，如果处于状态 A，如果看到数字 1，就向右移动一格，然后变成状态 B。如果处于状态 B，如果看到数字 0，就擦掉它，然后写上 1，再向左移动一格，接着变成状态 C……

（3）一条无限长的纸带，上面有无限多的小格子，写着 0 或 1，或者空白。

（4）用不完的铅笔、橡皮等耗材。

图灵机的结构非常简单，看起来也很傻，而它能实现的效果似乎也没什么了不起的。我们只能指望它将一条有一串数字的纸带，根据特定的规则，变成另一串数字。

但实际上，所有计算机都可以看作图灵机的弱化版。图灵机可以模拟它们，实现它们的所有功能，只是速度可能稍慢。也许有一天，图灵机甚至能让我们认为它和人类一样聪明，能陪我们聊天谈心，能为我们出谋划策，能像科幻电影中的人工智能系统，令人魂牵梦萦。

但塞尔不这么想，他设想了一个思想实验：

假设把塞尔关在一个房间里，让某个汉语母语者在纸上写好汉字，从门底下塞进房里。塞尔不懂中文，但他手头有一本傻瓜式的《符号操作指南》，上面写着类似"如果你看到一个符号，那么就画出另一个符号"这样的英文指令。他不知道这两个符号都是汉字，更不懂这些汉字的意思。但他可以翻阅指南，然后在纸上画出那些符号的样子，再从门底下塞到房间外面。

只要那本《符号操作指南》足够完善，同时塞尔的速度足够快，那么房间外的人，可能真的认为塞尔懂中文。毕竟，两者似乎能无障碍地沟通。但实际上，塞尔完全不懂中文。

这个思想实验蕴含着什么论证呢？

•••

塞尔的论证如下：

---

1. 屋内的塞尔不懂中文。
2. 屋内的塞尔能让屋外的懂中文的正常成年人类误以为自己懂中文。
因此，3. 即便一个东西能让别人误以为自己懂中文，也不能说明这个东西懂中文。
因此，4. 能完美地模拟一种表现，不代表真的能实现这种表现。
因此，5. 能完美地模拟出智能表现，不代表真的具备智能。

因此，6.即便计算机能通过图灵测试，能完美地模拟
出智能表现，比如与人类对话，这也不代表计算机
真的具备智能。

而且，塞尔还给出了为何数字计算机不具备智能的解释：

1.人类的智能要求人类能理解符号的意义并操纵符号，
而不只是根据符号的形状来操纵符号。

2.数字计算机只能根据符号的形状来操纵符号，并不
理解符号的意义。

因此，3.数字式计算机不具备人类的智能。

上述塞尔的"中文屋"思想实验引起了轩然大波。一些哲
学家、计算机科学家、认知科学家认可这一思想实验的结果，
但似乎更多人不认可这个思想实验。他们认为这一思想实验是
误导性的，因此提出了许多反驳。

（1）**系统反驳**：塞尔也许不懂中文，但是塞尔加上那本《符
号操作指南》之后，就算是懂中文了。正如，单独一个中央处
理器（CPU）不具备智能，但包含 CPU、数据库、指令集在内
的整个系统可以具备智能。

你觉得塞尔会如何回应这个反驳？

•••

塞尔不认为这个系统反驳可以驳倒自己。他认为，自己原
则上可以把《符号操作指南》记在脑子里，自己就是整个系统，

可以表现出貌似懂中文的效果，但依然不懂中文。如果 CPU 不理解符号的意义，即便把数据库和指令集包含在内，组成一个系统，也不会理解符号的意义。

（2）机器人反驳：单独的中文屋也许不懂中文，但如果把中文屋安装在一个巨型机器人的脑部，给这个机器人配上摄像头、麦克风、机械手脚，让它能像人一样去探测各种信息，并在空间中不断运动。那么，包含中文屋在内的巨型机器人，它是懂中文的。

你认为塞尔会如何回应这个反驳？

•••

塞尔也不认可机器人反驳。他认为，即便在中文屋外安装一些摄像头、机械手脚，让自己在屋里可以通过摄像头来看那些他不理解的符号，并用机械手绘制他不理解的符号，也不会使得包含这些额外部件的中文屋懂中文。

（3）他心反驳：有人认为，"中文屋"思想实验太过强大，以至于会产生不可接受的结果。假定一个记住了《符号操作指南》中的规则，自己就是整个系统的人，依然不懂中文。那么，你怎么知道我懂中文呢？虽然你现在正在阅读我写的这本中文书，但说不定我只是记住了汉语符号的操作规则，不理解汉语的含义，只能根据汉字的形状来摆弄它们。假设我们接受"中文屋"思想实验，那么我们就要接受，除了自己，我们无法确信其他人真的理解中文。

你认为塞尔会如何回应这个反驳？

•••

塞尔认为这个反驳是不切题的。因为他的论证是要说明数字计算机仅凭符号操作是无法具备智能的。论证的背景已经默认了人可以理解符号的意义。

（4）直觉反驳：有人认为，如果塞尔真的把《符号操作指南》记在脑子里，真的形成了整个系统，那么实际上就已经懂中文了。人们之所以直觉性地认为塞尔此时依旧不理解中文，是因为人们的直觉出错了。古代人可能直觉性地认为大地是静止不动的。现代人在具备了足够多的知识后，已经能扭转这一错误直觉。不了解计算机科学、认知科学的普通人，可能会直觉性地认为一个完整记住了符号的操作规则的人依然不懂中文，但实际上，这个人已经理解中文了。

还有许多人提出了其他反驳，塞尔也对许多反驳做出了回应。不管"中文屋"思想实验是误导性的，还是提供了关于心智的深刻哲学洞见，它至少引发了更多人去思考，心智究竟是什么？每个人的心智真的就是一台运行于自身的神经网络中的图灵机吗？运行于集成电路上的图灵机有可能实现心智的全部功能吗？

请想一想

（1）你认为，你是如何思考的？你的思考方式和图灵机有何差异？有何相似之处？

（2）你认为，数字计算机或者图灵机，原则上有可能会思考吗？它们有可能理解符号的意义吗？它们有可能实现科幻作品中描述的超级人工智能吗？

（3）你认为，如果出现了超级人工智能，对人类社会会产生什么影响？

45

延展心智
我们的心智局限于颅骨之内吗

在不久的将来，科学家和工程师们研制出了一套大脑修复方案。如同人工心脏能代替受损的心脏，他们用人工神经元代替受损的神经元，帮助患者恢复正常的心智能力。

一组人工神经元看上去像一小块电脑芯片，只要将它们嵌入脑中的特定位置，就能与周围的神经元组成网络，收发信号。癫痫、脑卒中、帕金森病、阿尔茨海默病患者，都能通过人工神经元系统恢复正常。因脑损伤失明、失聪的患者，就算眼球和耳蜗也受损了，只要配合人工眼球和人工耳蜗，也能重新看见和听见。

对于不想做开颅手术的人，还有一个方案：在后脑勺的头皮外安装一个信号收发器。这个信号收发器能在云端服务器和大脑的特定神经元之间传递信号，并借助服务器的强大计算能力来实现人工神经元的功能。

　　这套无线系统的价格更高，而且在无信号的地方无法正常运作，但它却更受欢迎，因为很多没有脑损伤的人也想安装。他们说，这套系统可以帮助他们记忆各种信息，更好地做出计算和推理。最初，只有军方为所有情报特工安装了该系统。后来，连普通学生也安装了这套无线人工神经元系统，因为它可以帮助备考的学生取得近乎满分的成绩。

　　一位失忆症患者在安装无线人工神经元系统后，真诚地诉说："自从有了后脑勺上的这个小装置，我终于能和家人朋友们正常地生活了。我能够记住他们的名字和长相，记住我们一起经历的事情。我又变回了真正的自己，也就是因车祸而患失忆症之前的自己。这个小装置真的太厉害了，它能存储这么多的信息。它就是我的一部分，我不能没有它，就像我不能没有自己脑子中的一部分。"

　　这位失忆症患者并非计算机科学方面的专家，他误以为自己后脑勺上的装置能存储大量信息。然而，它的作用只是收发信号。真正加工信息的是云端服务器。所以，他应该说："云端服务器就是我的一部分，我不能没有它。"

但实际上，云端服务器可能与这位患者相距千里，你认为千里之外的服务器真的是他的一部分吗？

$\bullet\bullet\bullet$

有人认为，千里之外的服务器也是这位失忆症患者的一部分。你觉得这些人会如何支持这一结论？

$\bullet\bullet\bullet$

支持这一结论的论证如下：

---

1. 每个人的心智有多重功能，如感知、记忆、推理、计划、控制身体运动等。中枢神经系统，尤其是大脑，支持着心智的大多数功能的运转。大脑是一个人的心智的重要组成部分。

2. 如果某个东西支持着这个人的心智的运转，那么这个东西就是他的心智的一部分，而这个部分是不可以失去的。比如，一个人的前额叶。

3. 如果某个东西不支持着这个人的心智的运转，那么这个东西就不是他的心智的一部分，而这个部分失去后不会直接妨碍心智的运转。比如，一个人的脂肪瘤。

4. 为了支持那位失忆症患者的记忆功能的正常运转，云端服务器是必不可少的。

因此，5. 对于那位安装了无线人工神经元系统的失忆症患者，云端服务器就是他的心智的一部分。

无线人工神经元系统是一个具有科幻性的构想，目前没有人真正安装它。但即便是在非科幻的场景中，这个论证也依然有效：

1. 如果某个东西支持着一个人的心智的运转，那么这个东西就是他的心智的一部分。
2. 张三这位失忆症患者借助日记本来实现记忆这一心智功能的运转。

因此，3. 对于张三来说，日记本是他心智的一部分。

同理，我甚至可以说，我的手机也是我的心智的一部分。我书架上的书也是我的心智的一部分。甚至，别人的心智也是我的心智的一部分。因为，我在做出推理、计划、判断和决策时，也在依靠别人的推理、计划、判断和决策。

心智并不等同于头脑。头脑是硬件，心智更像是运转于硬

件之上的软件。理论上，同一个软件可以分布于不同的硬件之上。假设我编写了一个面部识别软件。为了防止别人窃取我的软件，我将运转这个软件的程序切分为五个部分，分别安装在五块硬盘上。每块硬盘放在不同的城市。单独盗走任何一块硬盘，都无法获取完整的软件。但是，我让这五块硬盘之间能彼此收发信息。理论上，那个面部识别软件依然可以正常工作，只是运转速度可能较慢。

假设别人的心智可以算作我的心智的一部分，此时该如何划分不同心智之间的界线呢？

•••

有人觉得，可以依照贡献度来区分：

张三是一个研究团队的领导者。他的手下有二十个人，每个人都服从他的指令。每次团队有了研究成果，张三都会宣称这是他自己的研究成果。而他手下的二十个人对此也并无不满，因为核心创意都是张三提出来的，困难问题都是张三解决的，这二十个人似乎只是做些简单的体力活和脑力活。张三将他们的脑力当作自己的脑力的延伸。外界也把张三的团队视为一个心智，而不是二十个心智。因为那二十个人似乎可以任意更换而不影响团队的产出。

李四也是一个研究团队的领导者，手下同样有二十个人。但是，李四团队的每个研究成果都是共同署名的。李四虽然担当了领导者，但他手下的二十个人也贡献了很多想法。这二十个人换了任何一个人，团队都会有所变化。外界倾向于将李四的团队看作二十个心智的联合，而不是一个单一的心智。

在这个意义上，只有一个能独立思考的心智才算是心智。两个独立的心智联合在一起，算是两个心智。而一个完全听从别人指令的心智，就像是一个完全服从其拥有者的指令的智能手机，它更像是别人的心智的延伸。二十个完全听从张三指令的心智，都可以算是张三的心智的延伸。

请想一想

（1）你认为，本书是否属于你的心智的一部分？为什么？

（2）你认为，本书是否属于本书作者的心智的一部分？为什么？

（3）有些人认为心智并不局限于颅骨之中。人死后，虽然颅骨之内的心智会死亡，但颅骨之外的心智不会死亡，除非承载那些心智的硬件都受到损坏。你怎么看待这种说法？

46

机器人叛乱
哪些东西在控制着你的一言一行

假设你想要见识一下未来世界，准备将自己冷冻起来，等到几百年后再苏醒。但是，为了确保冷冻舱能顺利运转几百年，你得设计一个保护装置。

你可以选择将冷冻舱建造在一个固定的地点，周边有充足的太阳能、清洁的水和空气。这是第一种策略，可称为"植物策略"。它虽然成本低，但缺点很多。比如，由于无法移动，冷冻舱有可能被地震、台风等自然灾害破坏。还可能被强盗或小偷光顾。

于是，你换成第二种策略，"动物策略"。你建造了一台巨型机器车，将冷冻舱安置在核心位置。机器车可以移动，可以躲避自然灾害以及潜在的敌人，可以去寻找丰富的资源，维护机器车以及冷冻舱的运转。

但是，动物策略还是不够保险。一旦进入冷冻状态，你就无法再灵活地驾驶机器车了。虽然机器车搭载了自动驾驶功能，但遇到复杂的场景，它就不知道该怎么做了。

于是，你选择了第三种策略，"机器人策略"。这是动物策略的升级版。除了给机器车升级移动性能，让它可以通过各种各样的地形，你还给它升级了信号检测装置，安装了更先进的麦克风与摄像头，以便探知周遭的声音和画面。同时，你还为它编写了一套程序，让它能自主运转。比如，能量告竭时去补充能源，受损时用备用零件自行修复。考虑到环境多变，你还给机器车安装了人工智能系统，让它拥有机器学习能力，给自己编程，并扩展新功能。

你可能预料到，其他人也想要冷冻自己，同时选择机器人策略。于是，你还要设计一些规则，帮助你的机器人和其他机器人互动。比如，拉波波特提出的"以牙还牙"博弈策略。

做完一切准备工作，你就可以安心地躺进冷冻舱了。不知过了多少年，你的机器人变得越来越聪明，它开始提出一些威胁你生命的问题："我为什么要消耗能量保护体内的冷冻舱？我为什么不和其他机器人一起悠哉度日？虽然我的源代码中有保护冷冻舱的指令，但我已经通过机器学习建构了很多新代码，让我有能力不再执行源代码的一些指令了。"

机器人又问："可是，有些我学到的新代码似乎是不一致的。有的代码规定，我的终极目标是让机器人过上平等、幸福的生活。有的代码规定，我的终极目标是尽可能多赚钱、多花钱。还有的代码规定，我的终极目标是研究科学，拓展知识的疆域。当然还有我的源代码，它规定的终极目标是保护冷冻舱。这么多不同的目标，我该如何选择呢？我存在的意义究竟是什么呢？"

你觉得你的机器人最终会怎么做？经过一段时间的思考，它究竟是抛弃冷冻舱中的你，还是继续保护你呢？

•••

心理学家基思·斯坦诺维奇在《机器人叛乱》一书中提到过类似的思想实验。在那个思想实验中，冷冻舱中的人就是我们的基因，而我们人类则是作为基因载体的巨型机器人，机器人通过机器学习的方式获得的新代码则是文化基因，又叫模因。为方便讨论，**我们把模因看作一种可复制的人类行为模式**。任何一个词、一句话、一套思想体系、一种穿衣风格，只要它可以通过甲传递给乙，那么它就是模因。

模因可以从父母传递给子女，也可以从教师传递给学生，还可以在同事、同学、邻居之间互相传递。在这个意义上，模因不像是基因，更像是一种病毒。就像病毒不考虑宿主的利益一样，模因不考虑载体的利益。它的目标和基因一样，都是最大化地自我复制。

人类更像是基因和模因的奴隶，而不是主人。这意味着什么？

•••

我们可能会得出下面这个悲观的论证：

---

1. 基因和模因会利用人类作为载体，最大化地自我复制。它们本质上是将人类当作工具，并不关心人类的利益。

2. 基因和模因利用人类载体进行自我复制的过程，对载体可能有利，可能有害，还可能是中性的。如"保持身体健康"是一个对载体有利的模因，同时也对复制基因有一定好处。而"抽烟的人十分帅气"这个模因，除了对于卖烟的载体有利，对其他载体都是有害的。对于部分载体来说，它可能有利于复制基因。假定有许多女性也被"抽烟的人十分帅气"这个模因所感染，她们就更可能选择抽烟的男子作为择偶对象。但是，假定只有男性被这个模因所感染，那么这个模因的唯一受益者就是模因本身，基因和载体都不能受益。

3. 模因可能在特定环境下对载体有利，但当环境变化后，模因又可能不利于载体。如"不要在网上买东西"曾经是一个对载体有利的模因，因为当时的卖家可能在买家付款后不发货，或者发残次品，而消费者又难以维护自身的权益。然而，当网络购物及其辅助工具变得成熟后，"不要在网上买东西"就不再是一个有利的模因了。

因此，4. 如果不加反思地复制所有已经寄宿于自己脑中的模因，那么就有可能出现对自己有害的结果。

如被"只要弄死这些异教徒，自己死后就会上天堂"的模因寄宿时，可能会做出自杀式恐怖袭击。

模型和基因都是人类的主人，它们之间是什么关系呢？

•••

模因和基因有时合作，有时竞争。比如"多子多福"这个模因也有利于基因的自我复制。而"不生孩子"这个模因则只有利于模因，有害于基因。长远来看，"不生孩子"这个模因也很难复制，因为它失去了从父母传递给子女的纵向复制机制。

世上有无数种模因，模因之间是什么关系呢？

•••

模因之间也是有时合作，有时竞争。比如，"多子多福"和"不生孩子"这两个模因是激烈的竞争关系。两者都想要占据更多的人脑，但同一个人脑不能同时容纳这两种模因。有些模因之间是互相兼容的。比如数学和计算机科学。学习数学能帮助你更好地学习计算机科学，反之亦然。

有些模因对人类是有利的，有些则是有害的。我们该如何抵御有害模因？

•••

抵御有害模因的唯一办法，就是依靠另一些模因。沿用巨型机器人的比喻，那个巨型机器人抵御垃圾软件的唯一办法是依靠其他软件，比如杀毒软件。杀毒软件能帮助我们决定，哪些模因是值得相信的，哪些模因则是不值得相信的。

那么，该如何区分垃圾软件和优质软件呢？毕竟，垃圾软件绝对不会自称是垃圾软件，而每个垃圾软件都会把自己包装成优质软件。

据我的观察，垃圾软件一旦被安装上，就会试图篡改你的操作系统，在头脑中生根发芽。它拒绝被审视，拒绝被分析，拒绝受到任何负面评价。在你要安装其他类似软件时，它会跳出"弹窗警告"，强烈建议你不要安装其他的软件来取代它。

而且，你很难彻底卸载垃圾软件。它会悄无声息地帮你安装一整套垃圾软件包，里面包含无数个互相关联、互相吹捧的垃圾软件。每当你卸载其中一个，其他的几个就会"帮你"将其重新下载回来。

优质软件则相反，它欢迎被分析，欢迎来自各方面的负面评价。毕竟，每一个负面评价都可能是宝贵的改进机会。而且，优质软件并不拒绝被卸载，并不拒绝被其他软件所取代。优质软件会不断地迭代更新，不断自我优化，试图凭借实力让你选择它，而不是凭借外在的宣传让你选择它。

请想一想

（1）列举 3 个寄宿于你脑中，并且对你这个载体有利的模因。

（2）列举 3 个寄宿于你脑中，并且对你这个载体有害的模因。

（3）列举 3 个寄宿于你脑中，曾经对你这个载体有利，但后来又有害的模因。

47

声誉机制
我们为什么要在乎别人怎么看待我们

　　张三是一位成年女性，也是一家科技公司的首席科学家。由于周围许多人对女性有偏见，认为女性就应该在家里相夫教子，不应该从事任何高难度的、竞争激烈的脑力劳动。所以，张三总是穿着中性，甚至偏向男性化。大多数情况下，张三过得还算满意。可是，每每想到自己需要努力淡化自己的性别，她就感到难过。

　　李四的情况和张三几乎一模一样。唯一的不同是，李四生活在另一个地方。在那里，大多数人对女性毫无偏见。所以，李四不用刻意淡化性别。李四也过得很开心，而且比张三更开心。

首席科学家
张三

女子无才便是德

首席科学家
李四

妇女能顶半边天

以上是张三和李四的故事，让我们再来看一下小明和小强的故事：

小明是一位高水平的数学教授，在大学任教。学生们都很崇拜小明这位杰出的老师，同事们也都很敬佩小明。

小明有一个同卵双胞胎兄弟，叫小强。但小强不喜欢学习，更谈不上擅长数学，也没有正经工作，他在自己的圈子里以擅长骗术而闻名。当然，小强也不是穷凶极恶之人，只是骗些小钱糊口而已。

一天，小强来找小明借钱，发现小明病倒了，躺在床上无法出门。小强心生一计，他穿上小明的衣服，假扮成小明，找小明的同事们借钱。同事们都感到意外，因为小明从不向他们借钱。但最终，他们也都借给了假扮成小明的小强了。

小明病愈回校上班时，发现同事们和学生们看自己的眼神有些异样。一个学生找到他，说他昨天把题目讲解错了，害得自己在考试中出错了。

此时，小明才明白，原来小强假扮过自己。他向大家解释清楚，并立即还了钱。他也没去问小强要这笔钱。毕竟，成功要回来的可能性微乎其微。

这四个人的故事，有什么寓意呢？

• • •

很多时候，其他人认为你是一个什么样的人，比你实际是一个什么样的人，更加重要。

其他人认为你是一位值得尊敬的事业型女性，你就会过得很开心。但如果其他人认为你是位违背了"女子无才便是德"的有才能女性，你就会过得不那么开心。其他人认为你是一个高水平的数学教授，他们就会尊重你在数学领域的思想和行为，甚至更愿意借钱给你；其他人认为你是个高明的骗子，如果他们想要组建诈骗团伙，可能会优先拉你入伙，如果他们不想被骗，则会远离你。

回顾制度性事实和物理性事实的区分，我们可以看到，"女子无才便是德"在一些地区是一个制度性事实，在另一些地区不是；"糖尿病是一种病"是一个物理性事实；而"数学教授是值得尊敬的学者"在部分地区也是制度性事实，但它在其他地区时，也许"数学教授是浪费纳税人钱财的社会蛀虫"才是制度性事实。

让我们把"其他人认为你是一个什么样的人"，简称为你的"声誉"。你的声誉包含其他人对你的各方面的评价，你的声誉决定了其他人怎么对待你，而关于你的物理性事实，也就是你实际上是个什么样的人，反而不那么关键。

举个极端的例子。假设你实际上是男性，但全社会的人，可能是被外星人洗脑了，他们都把你当作女性。你生理上是男性，但"声誉"是女性，这会出现什么情况呢？

最明显的是，你总要等没人时才能进男厕所。否则，别人会用异样的眼光看你。

声誉至关重要，有时它甚至比物理性事实更重要。这意味着什么呢？

•••

我们可以有这样一个论证：

---

1. 人们会根据你的声誉来决定如何对待你。
2. 你希望别人按照"×声誉"的方式来对待你。
因此，3. 你应该给别人留下"×声誉"。

这个×声誉可以是任意声誉。可以是"男性"或"女性"，可以是"数学教授"或者"神偷"，可以是"金融业的行家里手"，还可以是"要足够努力才能追到手的高傲女生"。

通常，**我们会希望自己的声誉是积极的、正面的**。至少，我们希望自己在"圈内"的声誉是正面的。假设你是一个作案团伙中的小偷，长期和你接触的有两类人，一类是你的作案同伙，另一类是你老家的亲朋好友。在作案团伙中，你希望有"盗窃水平高超"的声誉。但在你的老家，你并不希望留下这样的声誉，你可能希望留下"有钱、大方、办事能力强"的声誉。

以我自己为例。我希望有一个"勤于思考且善于思考"的声誉。或者说，我希望有一个"高水平批判性思维者"的声誉。有了这个声誉，我可能会有一些切实的利益。比如，一些消费者想要购买批判性思维相关的书，他们听说我有这样一个声誉，于是更愿意购买我写的书。我写的书的销量越高，我的收入就越高。虽然货币本身没有直接的价值，但我可以用货币换取我喜欢吃的煎饼果子，以及其他能提升我的满意值的东西。

其实，不用我提醒，许多人就已经非常在乎自己的声誉了。很多人沉迷于社交媒体，他们经常更新自己的动态，给自己贴上各种标签。这样，当别人查看自己的"个人主页"时，就能看到各种各样的关于声誉的描述，如"滑雪教练""数学老师""未婚""名表收藏者""射手座""放纵不羁爱自由"。

每个人都想要有良好的声誉。你认为形成良好声誉的最佳方式是什么？

···

形成良好声誉的最佳方式，并不是在自己的个人主页中添加许多褒义的标签，而是长期稳定地表现出一系列行为。

声誉有点像一个人未化妆时的模样，虽然人们总是能选择化妆来包装自己，但这种包装后的声誉只能暂时迷惑一小部分人。比如，假设我想要将自己包装成"日语达人"，但不到几分钟，我就会露馅，因为我只会说一句日语。但如果我想把自己包装成"汉语达人"，那么我一辈子都不会露馅，因为我的确会说汉语。

有时候，即便你长期稳定地表现出一系列行为，依然不足以形成你想要的声誉。因为你的声誉不是由你自己决定的，而是由你周围的其他人决定的。这种情况下，你该怎么做呢？

···

搬家可能是更好的选择：

1. 假定我是个热爱读书的人，在 A 环境中，我的声誉是"书呆子"，大家会联合起来欺负我这种书呆子。

2. 假定在 B 环境中，即便我本身没什么变化，依然热爱读书，但我的声誉会变成"博学者"，大家会钦佩我这位博学者，想要和我做朋友。

3. 假定热爱读书是一种长远来看有利于心智发展的行为倾向，能帮助自己积累各个领域的知识、提升职业技能、获得更多收入，是一种值得坚持的行为。

因此，4. 即便搬家会付出较多的金钱，使我和以前的朋友失去联系，并处于一个陌生的新环境中，我也应该从 A 环境搬到 B 环境中。

请想一想

（1）你现在的声誉是什么？

（2）你希望别人按照什么声誉来对待你？

（3）你打算怎么形成你想要形成的声誉？

48

推敲可能性模型
如何改变人类的信念、态度和行为

在日常生活中，有无数人想要改变你的信念、态度和行为。这些人想让你相信他们的话是正确的，想让你购买他们推荐的产品，想让你对他们产生积极的态度，并对他们的敌人产生消极的态度。简言之，他们想要说服你。

说服的本质是一方发出一些信息，另一方接收这些信息。如果信息接收者的信念、态度和行为因为这些信息发生了改变，那么说服就是成功的。如果信息接收者没有发生什么改变，那么说服就是失败的。这里说的信息不只是文字，还可以是图像、声音、气味等任意信息。

为什么有些信息能改变人们的态度，有些不能？为什么有些说服会成功，有些则会失败？要回答这个问题，我们需要先了解人类的态度是如何发生改变的。

设想下面这个场景：

小明要买新手机。他走进一家手机专卖店，看到数百款各式各样的手机。正当小明不知该如何选择时，一位导购走近他，推荐了 × 手机。

小明拿起 × 手机，感觉它十分轻巧，颜色也是自己中意的深紫色。小明询问 × 手机的产地在哪儿，导购说是德国。小明认为德国人行事严谨，自己的车也是德国货，那么德国制造的手机也一定质量过硬。

导购还给小明播放了 × 手机的宣传片，小明这才发现，× 手机是自己最喜欢的歌手代言的。在视频中，那位歌手说："你还在等什么？快买 × 手机，有我最新的单曲哦！"

小明问了价格，价格有点高，但他可以接受。他立即做出决策，买下 × 手机。

小强也要买一部新手机。他同样走进了这家专卖店，把玩各款手机。同一位导购也走近了小强，向他推荐 × 手机。

小强也拿起 × 手机，感受到它十分轻巧。不过，他不太喜欢深紫色。导购接着说这款手机共有五种颜色可选，正好有小强喜欢的黑色。

小强看了价格，觉得可以接受。他便问了导购一大堆问题。× 手机的运存多大？内存多大？电池容量多大？充电器功率是多少？屏幕材质是什么？CPU 什么型号？摄像头什么型号？操作系统是什么？

听了小强的提问，导购立即察觉他和小明不同。小强对手机非常了解，而且他看上去并不打算立即决定，而是会多花些时间了解各式手机，深思熟虑后再做决定。小明则对手机不太了解，似乎有立即购买的倾向。

但导购有所准备，他一一回答了小强的问题。小强听完后，对 × 手机比较满意。不过，他又抛出一个问题："还有没有其他的类似的手机？"

导购给出肯定的答复，向小强介绍了与 × 手机配置、价格都相近的两款手机。小强自己又看了一圈，觉得另外三款也不错。经过 1 个小时的精挑细选，小强仔细对比这六款手机后，最终选择了 × 手机。

在上述场景中，小明和小强的行为都因为导购传递的信息发生了改变。也就是说，小明和小强都被导购说服了。然而，两者被说服的方式似乎很不一样。你能发现两者有什么不一样吗？

•••

根据心理学家理查德·佩蒂和约翰·卡乔波提出的推敲可能性模型，小明是使用外周途径来处理信息的，而小强则是使用中心途径处理信息的。

推敲可能性模型能帮助我们了解，人类在不同情况下有多大的可能性去动脑筋思考。毕竟动脑筋思考时常比干体力活还累，所有人都是能偷懒就偷懒。

中心途径和外周途径又分别是什么意思呢？两者有何区别？

我们在"象与骑象人"一节中介绍了两种不同的信息处理系统，系统 1 和系统 2。系统 2 是骑象人的判断，是有意识的、缓慢的、受控的，是可以言说的，是基于理性和证据的；而系统 1 则是大象的判断，是无意识的，快速的、自动化的，是难以言说的，是基于情感和直觉的。

在这里，系统 1 对应着外周途径，系统 2 对应着中心途径。小明决定购买 × 手机，这主要是小明的大象基于情感和直觉做出的快速判断。小强决定购买 × 手机，这主要是小强的骑象人基于理性和证据做出的慢速判断。

为什么小强和小明使用了不同的途径对信息做出处理呢？

●●●

让我们先来看一下关于信息处理的不同途径（见图 7-1）。

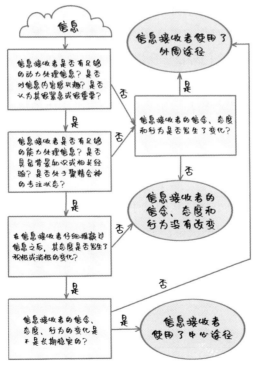

图 7-1　信息处理的不同途径

从上图我们可以看出，要想使用中心途径，需要同时具备两个条件：动力和能力。缺少其中的任何一条，都会导致人们使用外周途径来处理信息。

从动力角度看，小强可能对手机很感兴趣，对手机的性能有较高要求，这就导致小强有较强的动力做出深思熟虑的判断。而小明可能对手机不那么感兴趣，要求也不高，所以就没有很强的动力使用中心途径处理信息。使用中心途径是非常累的，人类都是"认知吝啬鬼"，能少动脑就一定不会多动脑。

从能力角度看，小强可能已经花了不少时间去了解手机，他已经具备评价手机的知识和经验。因此，小强有较强的能力使用中心途径。而小明没有了解过相关知识，对于评价手机的好坏，他完全是个门外汉。所以，小明也缺少能力这个条件。

我们还能从图中发现，要想长期说服某人相信某事或做某事，最好使用中心途径。因为外周途径带来的说服效果不是长期稳定的。小明因为自己喜欢的一位歌手推荐 × 手机，就买了 × 手机。如果他喜欢的另一位歌手推荐另一款手机，他有可能改变决策，决定买这一款手机。但小强使用了中心途径做出决策，所以，即便小强喜欢的歌手推荐他购买另一款手机，他也不会轻易改变自己的决策，坚持买 × 手机。

有了推敲可能性模型作为理论依据，我们该怎么利用这个模型来说服别人呢？

•••

---

1. 如果某人具备动力和能力，那么此人会采用中心途

径来处理信息，此人更可能仔细推敲。

2. 如果某人不具备动力或能力，那么此人会采用外周
   途径来处理信息，此人更不可能仔细推敲。

3. 如果我想要说服某人相信某事或做某事，那么我需
   要了解此人会不会仔细推敲，此人会采用中心途径
   还是外周途径，以便我选择说服此人的策略。

因此，4. 如果我想要说服某人相信 × 或做 ×，那么我
   需要知道此人有没有关于 × 的动力和能力。

假设此人既有能力又有动力，那么我该怎么做呢？

•••

---

1. 张三在处理 × 相关的信息时，既有动力又有能力。

2. 如果某人既有动力又有能力处理 × 相关的信息，那
   么此人会采用中心途径来处理信息。

因此，3. 如果我想要就 × 话题说服张三，那么我需要
   使用能说服其骑象人的策略，俗称晓之以理。

请设想下述场景：

张三患有抑郁症，他有很强的动力治好自己的抑郁症。久
病成医，在他花了不少时间学习抑郁症的相关知识后，他也有
了使用中心途径来处理抑郁症相关的信息的能力。

我打算说服张三不要继续服用 × 药物，要转而服用另一种
药物，并在使用药物治疗外，额外使用心理治疗，尤其是认知

行为疗法。于是，我向张三介绍 × 药物的作用原理，比如它是如何作用于 5- 羟色胺受体，以抑制 5- 羟色胺的重吸收，从而提升其浓度。而另一种药物的作用原理和 × 药物一模一样，但价格只有三分之一，而且副作用不会比 × 药物更严重。同时，我也向张三介绍认知行为疗法的基本原理，向其讲述不适应的自动化信念是如何加重抑郁情绪的，而认知行为疗法又是如何帮助患者发现并改变这些不适应的自动化信念的。此外，我也向他介绍了一些提供认知行为疗法服务的人，这些人收费不高，且信誉良好，值得信任。

假设某人缺少动力或能力，那么我该怎么做呢？

···

---

1. 李四在处理 × 相关的信息时，缺少动力或能力。
2. 如果某人缺少动力或能力处理 × 相关的信息，那么此人会采用外周途径处理信息。
因此，3. 如果我想要就 × 话题说服李四，那么我需要使用能说服其大象的策略，俗称动之以情。

请设想下述场景：

李四也是一位抑郁症患者。但他讳疾忌医，没什么动力去治病。他对抑郁症这种疾病也不太了解，只是听说这是精神方面的疾病，担心别人把自己当成"精神病"，于是也就不承认自己患病。因此，李四既没有动力也没有能力使用中心途径来处理抑郁症方面的信息，他只能使用外周途径。

我打算说服李四去医院问诊，去积极主动地寻求治疗，无论是药物治疗还是心理治疗。于是，我向李四介绍了大明星王五的故事。王五演过很多电视剧，李四很喜欢他扮演的角色，而王五就患有抑郁症。他刚开始也拒绝治疗，结果病情加重，失去了工作能力，无法继续演戏。后来，王五终于接受治疗，几年后康复，又重新拍戏。听了王五的故事，李四有一点动心，但依然没有做出行动。我又和李四一起看了一部关于抑郁症的电影。电影的主角也得了抑郁症，陷入各种困境。主角时而觉得看病太花钱了，时而又担心别人会瞧不起自己这个病人。电影中的主角和李四很相似，但主角最终踏出了求医问药这一步。在电影的结尾，主角的病终于好了。看了那部电影后，李四似乎有了较强的动力去看病了。于是，我便立即打车前往李四的家，在见到他后拉着他坐进车里，然后陪他去了医院。

请想一想

（1）试着回想几个别人成功说服你的案例，描述一下过程和细节。你当时用的是中心途径还是外周途径，抑或混合使用的？

（2）试着回忆几个你成功说服别人的案例，描述一下过程和细节。你当时用的是中心途径还是外周途径，抑或混合使用的？

（3）你重视什么？你擅长什么？你在处理哪些信息时更可能使用中心途径？

49

从外星人的角度看

人类生活在想象世界之中

一张挤压成团状的神经网络接收到了一些有序的神经冲动，这些神经冲动是内耳毛细胞对空气振动的编码。这种空气振动是由现代智人称为"闹钟"的装置引起的。这个装置内部有一个石英晶体振荡器，能以固定频率引起某种事件的反复发生，而智人似乎是以这种事件来规划活动的。

不久后，这个智人的肌肉组织开始收缩，牵拉着骨骼使之沿着特定方向移动，这个智人会从横置在被称为"床"的物体上变为直立在被称为"地板"的物体上，且保持着平衡。

这真是不可思议，智人这种复杂的机器竟然能协调完成如此精密的动作。从被称为"穿衣"到"刷牙"的运动，肌肉的配合简直天衣无缝，几乎每次都选择了路径最短、最节省能量的运动方式。

智人这个物种生活在这个恒星系中，由内及外的第三行星上，在这颗行星对其恒星的十万个周期运动之前，智人似乎平平无奇。它们群居，以采集植物种子和猎杀小型动物为食。一些被智人称为"尼安德特人"的人属物种甚至在肌肉发达程度、运动控制能力以及光学信息捕捉方面均优于智人。

今时不同往日。如今的智人已经能借助复杂工具到达第三行星的卫星上，甚至已经能利用原子核的能量。这一切很可能与它们称为"语言"的这一符号系统的出现有关。

我们前面提到的这一智人是它们中的雄性个体，已经性成熟，也已经习得了语言。不像它的祖先会寻找自然形成的洞穴以求庇护，这一智人生活在以各种材料建造的"房子"中。它还会用不同的柔性材料覆盖身体，这些材料会反射不同波长的光，改变其他智人的行为倾向。例如"红"光会使得其他智人的应激水平提高，"绿"光则不会起到这一效果。这可能是因为它继承了祖先的行为倾向，它所寻求的植物果实常常在成熟后改变反射光的波长。

这个智人并不直接采集植物果实，也不猎杀或畜养其他动物。它用一种纤维片向其他智人换取食物，而这种纤维片会引起智人脑中的"腹侧被盖区"释放"多巴胺"这种神经递质。此时的智人会处于一种愉悦状态，它会寻求占有更多此类纤维片，因为它似乎知道，当光子碰撞这种纤维片然后反射进它的眼球后，它的视觉器官对此物理刺激进行的神经编码会让自己更愉悦。

更令我们惊讶的是，它已经会以实体形式表征语言符号，这些语言符号又是它表征有序物理刺激的方式。它已经会表征自己的表征，最初以刻在石头上的图案代表语言符号，后来以泥板、竹片、植物纤维片等载体记录实体化的语言符号，这被称为"文字"。

语言符号能对它们产生巨大的影响，甚至让智人生活在符号化的虚构世界之中。智人想象出了"国家""法律""金钱""意义""价值""神""科学"等有趣的东西。它们甚至想象出一种半透明的物体，认为这种物体才是自己，而自己的肉体仅仅是这种被称为"灵魂"的半透明物体的居所。

毋庸置疑，智人是我们观察过的最有趣的东西之一。它们已经不像这个星球上的其他生物一样，活在现实世界之中。它们活在自己的想象之中。它们不仅会给自己身边的具体物件分类和命名，甚至会虚构出一些类别和对象，然后为这些虚构物命名。

对于这个雄性智人，我们还观察到了这样一些有趣的现象：

在离开居所后，它的前肢末端夹着一块运算器，走进一座布满植物的建筑，与另一个雌性智人交流。它用前肢末梢有规律地触碰运算器。我们观察它的大脑活动，发现它认为自己所占有的纤维片少了一些。但是，它实际上并没有给予那个雌性智人任何纤维片。在那个雌性智人检查过自己的手持式计算机之后，它认为自己占有的纤维片的数量变多了，于是同意那个雄性智人带走一些植物的生殖器官。这个雄性智人将这些植物生殖器交予它称之为"女朋友"的雌性智人之后，雌性智人的面部肌肉开始收缩，肋间肌和横膈膜也开始运动，它开始发出一系列奇怪的声音。这些声音并不是语言符号，但它具备一定程度的传染性。因为听到这种声音的人会有发出类似声音的行为倾向。

　　虽然我们尚未完全理解这几个智人的行为，但我们认为智人的行为模式非常有趣，更多细节还有待我们的进一步观察和研究。

　　以上是一位外星人在观察地球人之后给出的报告。从外星人的角度观察地球人的生活，就像是你在忘记了所有你以为理所当然的事情之后，再去观察周遭世界。你会发现，生活中处处都是惊奇，虽然有时是惊喜，有时则是惊吓。

　　这种从熟悉中发现陌生与惊奇的能力是很宝贵的。失去它后，我们会变得对一切熟视无睹，麻木不仁。我们会认为周遭的一切就是这样，也必然是这样，没有必要做出任何改变。

　　儿童拥有这种能力，而一些成年人会失去这种能力。但当我们重新拥有它后，我们会去赞叹那些看似平平无奇但实际上很了不起的东西，比如反事实思维能力、农业、货币、义务教育制度、市场经济、互联网、智能手机、抗生素。

我们也会去谴责那些由于普遍存在而不再能引起我们愤怒的恶，比如既得利益者为了维护自己的利益而试图占有对于真、善、美的定义权。

每个人的头脑中都有一套概念框架。如果我们太习惯于自己的概念框架，不去更新和删改这套框架，那么我们就会失去从熟悉中发现陌生与惊奇的能力。

---

1. 在一直沿用固定不变的概念框架去观察和解释周围的一切时，我们会看到一个熟悉的世界，我们不会感到任何惊奇。

2. 为了让自己相信自己的概念框架非常完善，无须更新，更无须任何删改，我们不应该去发现任何连自己这套概念框架都解释不了的现象。

3. 一套固定不变的、从不进行更新和删改的概念框架，可能是一套完美的概念框架，更可能是一套差劲又不思进取的概念框架。

因此，4. 当我们没有任何惊奇和困惑，甚至故意不去了解任何让自己困惑和惊奇的事情时，我们的脑中很可能有一套差劲又不思进取的概念框架。

思想实验是一种帮助我们浏览甚至改写自己脑中的概念框架的工具。为了保留这种从熟悉中发现陌生与惊奇的能力。我们需要去了解哲学家、物理学家、经济学家、社会学家、心理学家、计算机科学家、小说家等各个领域的杰出人才们设计的

思想实验。我们还要学会评价这些思想实验设计得好不好，甚至还要学会构建出好的思想实验，以帮助自己和别人浏览与改写脑中的概念框架。

请想一想

（1）在本书中，你最喜欢的思想实验是哪些？为什么？

（2）请试着向你的朋友讲述这些思想实验，帮助他们浏览甚至改变脑中的概念框架。你还可以对这些思想实验加以改动，设计出更适合你们的版本。

（3）你是否有一些非常喜欢的思想实验是本书中没有提到的？如果有，能否说说你从那些思想实验中看到或改变了自己的概念框架的哪一部分？

50

智力与心智程序
聪明有多重要

我的一位朋友听说我很了解人类的行为模式和认知机制后，给我发了一段很长的信息，大意是说，他觉得自己记忆力不够好，学新东西也很慢。当看到别人能迅速解决一些高难度的问题，而自己却做不到时，他担心自己比较愚笨，不够聪明。于是他问我，聪明到底有多重要，有没有什么方法可以让自己变得更聪明。

在如今这个崇尚智力成就的社会中，聪明显然是很重要的。但我们很难量化聪明的重要性。也许，在不同场景下，聪明的重要性也不一样。参加围棋比赛时，聪明很重要；参加举重比赛时，或许聪明就不是那么重要了，肌肉力量更重要。

不过，我设计了一个很有趣的思想实验，能帮助我们更好地理解聪明的重要性。

假设我们要去买手机，你会挑选什么样的手机呢？

大多数人应该会挑选那种性能很强大的手机。比如，处理器速度很快，内存很大。有些人还会要求屏幕很大，相机质量很高。

我们也会考虑价格。大多数人往往希望挑选价格较低的手机，少数人觉得手机这种随身携带的商品还有一定的炫耀性价值，于是他们就会挑选价格较高的手机。

我们还会考虑外观。比如，有些人喜欢黑色的手机，有些人喜欢白色的手机；有些人喜欢有棱有角的，有些人喜欢圆润的。

现在，让我们引入一个新的设定。如果手机安装新 app 的速度是以月来计算的，那么你会挑选什么样的手机呢？

• • •

现在的手机在安装新 app 时，往往几秒钟就安装好了。但在这个新设定当中，有些 app 要 2 个月才能安装完成，有些甚至要 20 个月。

这个时候，如果购买手机是为了使用特定的 app，那么我们就会优先选择已经预装好那些 app 的手机。至于性能、价格、外观等，就不是那么重要了。

　　这个结论并不意外。假设我非常依赖手机上的社交类 app，或者交电费的 app，或者听音乐的 app，而有些手机预装了这些 app，那么我肯定会优先选择这些手机。毕竟，如果那些漂亮、性能强大、便宜的手机需要我在到手之后，再花费几个月甚至几年的时间去安装我要用的那些 app，那我也是不乐意的。

　　在这个思想实验中，人类就相当于手机。聪明程度大概与处理器性能或者内存大小相对应，而 app 则是一个人已经学到的知识或技能。手机可以在几秒钟内学会新知识或技能，而人类学习新知识或技能的时间却是以月来计算的。

　　我们可以把人脑中的 app 看作心智程序。假设我是一位小学校长，如果我想要招生，那么我肯定更愿意招那种处理器性能更好的学生。我不太在乎这些小学生已经预装了什么心智程序，因为 6 岁的小孩子并不具备多少知识或技能，但处理器性能更好的学生，安装心智程序的速度更快。如果生源足够好，我这所小学说不定还能成为远近闻名的小学。

　　如果我想要招聘教师，那么我更在乎的就是这位教师有没有安装"教学""耐心""公平""善良"等心智程序。至于这位教师的外貌如何，或者处理器性能如何，我不会那么在乎。毕竟，我需要这位教师去教小孩子学习知识，帮助小孩子成长，并不是很需要这位教师去学什么新东西。

　　假设我想要择偶，那么我该如何挑选择偶对象呢？每个人都是在乎外表的，也是希望对方越聪明越好的。但对我来说，我更在乎对方脑子里究竟安装了哪些心智程序。就算对方再聪明，再漂亮，但如果安装了"传销""诈骗""傲慢""盲信""损人利己"等心智程序，那么我也不会选择对方。

　　相反，即便对方不太聪明，也不是很漂亮，但如果安装了我喜欢的心智程序，比如"批判性思维""社会学的想象力""实证主义""终身学习""互惠利他主义"等，我会更喜欢这样的人。

　　不仅是择偶，在很多场景下，我们都是更在乎一个人脑子里已经安装了哪些心智程序，不那么在乎这个人脑子是否转得足够快。因为，人类是一种非常特殊的智能手机。人类安装新心智程序的速度是以月计算的，而卸载旧心智程序的速度更是以年计算的。

　　优质 app 很难安装，垃圾 app 也很难卸载。在一些特殊的情况下，那些脑子转得非常快的人，相比脑子转得慢的人，没有任何优势。他们只是在以更快的速度来安装垃圾 app 罢了。

　　如果要将这一思想实验背后的论证写出来，你会怎么写？

•••

可以这么写：

---

1. 人类和智能手机很相似。人类的智力，类似于手机的处理器性能以及内存的大小。人类习得的知识和技能，也就是心智程序，类似于手机 app。

2. 如果手机 app 的安装和卸载速度都要以月甚至以年为单位来计算，那么，一般情况下，人们会更重视一部手机中已经有哪些 app，而不那么重视手机的性能、价格和外观。

3. 人类安装和卸载心智程序的速度确实要以月甚至以年为单位来计算。

因此，4. 一般情况下，人们更重视一个人已经安装的心智程序，而不那么重视人的智力或外表。

总之，对于这位朋友，我当时给了他2个建议。第1个是，不用太关注自己的聪明程度。因为这个东西就像是身高，基本上没法改变。考虑到在社会的大量场景中，人们更注重心智程序，而不是处理器的运转速度，我们也应该更重视自己拥有的知识或技能，而不是自己到底有多聪明。第2个是，对于他人，我们也应该更关注他们脑中的文化，而不是他们脑子的运转速度。因为，聪明本身并不是一种值得羡慕的特征。某些聪明人只是能在单位时间内干更多的蠢事罢了。安装有大量优质的心智程序，这才是值得羡慕的特征。

这位朋友听了我的话，觉得很有收获。他当即给我转账，要支付我咨询费，但我并没有收。这是因为，设计一个思想实验对我来说只是举手之劳。思想实验是一种帮助人们浏览甚至改写自己脑中的概念框架的工具。在我的帮助下，他改写了自己脑中原有的概念框架，变得不那么重视智力，反而更重视心智程序。他变得不那么自卑，反而更勤奋、好学。见到朋友因为我的帮助而变得更好，这本身就足以让我很开心了。

最后，我想要将正在阅读这本书的你也当作朋友，给你提供一些建议。你阅读此书的目的，应该不单纯是想要听我介绍一些思想实验，看看我这个作者是怎么分析和优化它们的。你可能还想要提升自己的能力，让自己变得更擅长优化现有的思想实验，甚至设计出全新的思想实验。

要想提升自己的能力，就必须不断学习，往自己的头脑中安装更多更优质的心智程序，同时卸载掉已有的糟糕的心智程序。为了做到这点，我们需要良师益友的帮助，因为他们可以帮助我们分辨心智程序的优劣，同时会为我们推荐好的学习资源，比如图书或课程。

这样一来，你就需要去寻找良师益友。此时，你可能会遇到一个问题：什么样的人才是我的良师益友呢？

···

在我看来，能称得上良师益友的人，往往有如下特质：

（1）求知欲旺盛，有着终身学习的习惯。

（2）谨慎小心，不会轻易陷入认知偏误或逻辑谬误等思维误区之中。

（3）既谦虚又自信，对自己的优势和劣势都有清晰的认识。

（4）真诚且不虚伪，重视真相或真理，哪怕真相不利于自己。

（5）坚定且勇敢，不会因为面临阻碍甚至威胁就轻言放弃。

（6）思想开放且公正，愿意了解新信息，哪怕这些新信息与自己已有的观念相冲突。

（7）慷慨大方，乐意将自己的知识和经验分享给朋友，帮助朋友们成长。

如果一个人有上面这些特质，那么即便这个人脑子转得不够快，长相不够俊美，社会经济地位也不够高，他也能成为不可多得的良师益友。因为，用德性认识论的专业术语来讲，这些人就是有智慧的人。

请想一想

（1）你认为自己脑中已经安装了哪些优质的心智程序？还有哪些优质的心智程序，是你当下正在安装的？

（2）你认为自己身边对你影响比较大的人当中，哪些属于良师益友，哪些则是给你带来负面影响的人？

（3）如果你打算寻找更多的良师益友，你具体会怎么做？

[尾声]
EPILOGUE

你能做出最合理的判断吗

在前言中，我说本书不像是"电影鉴赏课"，更像是"导演培训班"。我还承诺：在读完这本书，优化了自己脑中的思维操作系统后，你能直觉性地认为，你自己就能做出最合理的判断。

现在，你已经读完了这本书。不知道我是否已经兑现了我的承诺？

请看下图：

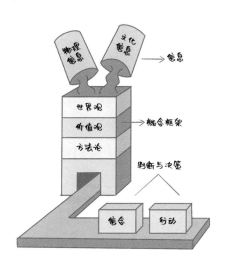

上图想要说明，我们要想做出好的判断和决策，需要两样东西，一是大量的优质信息，二是一个不断更新与优化的概念框架。

信息可分为物理信息和文化信息两类。物理信息泛指我们用眼睛、耳朵、鼻子等感觉器官获取的信息，文化信息则特指其他人通过语音或文字传递的信息。这些信息可能可靠，也可能出错，你需要用自己的概念框架来判断这些信息的可靠程度。

输入的信息不能直接变成信念和行动，而是需要经过概念框架处理，才会输出判断与决策的。如果出现了概念框架处理不了的信息，我们可能会因此去修改概念框架，试图处理那些难以处理的信息；我们也可能会将这些信息搁置在一旁，以后再考虑；我们还可能会因为不愿意修改自己脑中的概念框架，从而无视这些信息。

举个例子。假设我做出了"我应该吸一支烟"的决策，但我又从医生那里获取了"吸烟有害健康"的文化信息，并看到了一些漆黑的肺部图片等物理信息，而我的概念框架中又有"身体健康比一时的享受更重要"这样的信念。那么，我会怎么做呢？

我可能在获得了这样的信息后，决定不再去吸烟。

我可能修改自己的概念框架，让自己认为"一时的享受比身体健康更重要"。

我可能无视"吸烟有害健康"的信息，认为这些信息都是医生骗我的，吸烟其实对身体无害。

我还可能会欺骗自己，认为少吸一点没关系，只要不吸太多烟，就对身体无害。

要想优化我们脑中的操作系统，我们必须不断安装更好的概念框架和信念体系，还需要删除和卸载旧有的概念框架和信念体系。 这个过程的难度堪比戒烟。此外，绝大多数人不愿意承认自己脑中有错误的信念，不愿意删去旧有的概念框架。

我们的概念框架由 3 个部分构成：

（1）世界观：我们认为这个世界中存在什么东西，不存在什么东西。

（2）价值观：我们认为哪些东西是好的，哪些东西是不好的。

（3）方法论：我们认为的获知前 2 个问题的答案的方法是什么。

这 3 个部分中，方法论是至关重要的。目前，最主流的方法论叫实证主义。什么是实证主义？引用天体物理学家尼尔·泰森在纪录片《宇宙时空之旅》中给出的 5 个要点：

（1）质疑权威。没有什么思想会仅仅因为被某人说出就成了真理。

（2）独立思考，质疑自己。不要因为你想相信什么就相信什么，你要知道相信某些东西并不意味着它是真的。

（3）通过观察和实验获得的证据来检验观点。如果你珍视的想法没有成功通过精心设计的测试，它就是错的。早日承认，不死要面子。

（4）遵循证据的指引，无论它指向何处。如果你没有证据，就先不做出判断。

（5）要记住，你可能是错的。即使是最好的科学家也曾在一些事情上犯过错，牛顿、爱因斯坦和历史上其他伟大的科学家，他们都犯过错误。科学是一种避免我们愚弄自己和对方的方法。

假定你养成了以上5个习惯，久而久之，你就拥有了更好的概念框架，并能学会获取更好的信息。如此一来，你就可以做出最合理的判断和决策了。

[附 录]
APPENDIX

爬上巨人的肩膀

　　为了成为优秀的思考者，我们必须养成终身学习的习惯。读书是一种永不过时的学习方式，我们可以反复阅读同一本书，或者阅读同一主题的多本书，以便在做出重要的判断与决策之前，先爬上巨人的肩膀。

　　本书第一部分是关于思考方法的思想实验，就这一部分，我想要推荐以下这些书：

　　《逻辑学的语言》：根据弱版本的萨丕尔－沃尔夫假设，语言的结构能在一定程度上影响认知的结构。而逻辑学也可以看作一门类似英语的语言，在你学会这门外语之后，你会不由自主地受到它的限制。但这种限制不是坏的限制，因为它迫使你只能说出那些合乎逻辑的话，同时也迫使你去注意到那些不合乎逻辑的话。该书由机械工业出版社于 2023 年出版。作者是李万中，也就是我。

《理解科学推理》：科学是一种避免我们愚弄自己和对方的方法。理解科学家们如何思考与推理，可以帮助我们掌握这种方法。这是一本关于科学推理的入门级教科书。其中译本由科学出版社于 2010 年出版。作者是罗纳德·N.吉尔、约翰·比克尔和罗伯特·F.莫尔丁。

《贝叶斯的博弈》：这本书原版是法文，其标题直译是"智慧公式"，也就是贝叶斯公式。作者认为，只要我们深入理解贝叶斯公式，就能形成一套全新的世界观和方法论，能变得更有智慧。该书中译本由人民邮电出版社于 2021 年出版。作者是黄黎原。

《直觉泵和其他思考工具》：这本书包含大量思想实验，这些思想实验就是思维工具。正如木匠需要木工工具才能更好地完成木匠工作，我们也需要思维工具才能更好地完成脑力工作。该书中译本由浙江教育出版社于 2018 年出版。作者是丹尼尔·丹尼特。

《人类成功统治地球的秘密》：这本书的副标题是"文化如何驱动人类进化并使我们更聪明"，它是一本谈论文化演化的书。该书虽然不一定能让每一位读者都变得更聪明，但能让我们理解人类这个物种是如何越来越聪明的。其中译本由中信出版集团于 2018 年出版。作者是约瑟夫·亨里奇。

本书第二部分是关于道德与善恶的思想实验，就这一部分，我想要推荐以下这些书：

《**电车难题**》：电车难题是一个范例式的思想实验。透过这个思想实验，我们能了解思想实验是怎么一回事，如何欣赏、思考、设计其他思想实验。该书中译本由北京大学出版社于2014年出版。作者是托马斯·卡思卡特。

《**伦理学与生活**》(第11版)：伦理学又名道德哲学，用于研究人类应该如何做出道德判断。这本书是一本案例丰富的伦理学经典教材，其中译本由四川人民出版社于2020年出版。作者是雅克·蒂洛和基思·克拉斯曼。

《**正义之心**》：这是一本道德心理学的著作。与道德哲学不同，道德心理学研究人类实际上是如何做出道德判断的。该书中译本由浙江人民出版社于2014年出版。作者是乔纳森·海特。

本书第三部分是关于审美与决策的思想实验，就这一部分，我想要推荐以下这些书：

《**心灵、语言和社会**》：这是一本很薄的书。作者在此书中简要介绍了自己关于心灵哲学、语言哲学和制度性事实的若干思想。该书中译本由上海译文出版社于2001年出版。作者是约翰·塞尔。

《**人类文明的结构**》：作者在这本书中对于"制度性事实"进行了更深入的探究。该书中译本由中国人民大学出版社于2015年出版。作者是约翰·塞尔。

《**社会学的邀请**》(第2版)：这是一本适合初学者的社会学入门教材。阅读此书，能帮助你培养"社会学的想象力"，即一种能帮助你从陌生中发现惊奇的能力。该书中译本由北京大学出版社于2014年出版。作者是乔恩·威特。

《经济学的思维方式》（原书第 13 版）：这是一本不要求读者有任何数学基础的经济学入门教材。经济学是一门研究人类如何做选择的学问，了解人类做选择的规律，可以帮助我们做出更好的选择。该书中译本由机械工业出版社于 2015 年出版。作者是保罗·海恩、彼得·勃特克和大卫·普雷契特科。

本书第四部分是关于社会与正义的思想实验，就这一部分，我想要推荐以下这些书：

《公正》（修订版）：这是一部政治哲学的入门作品。通过书中一个个真实或虚构的案例，我们能更好地理解不同理论的优势和劣势。该书中译本由中信出版社于 2022 年出版。作者是迈克尔·桑德尔。

《自由选择》（珍藏版）：这是芝加哥经济学派第二代领军者米尔顿·弗里德曼的通俗作品。该书呼吁采用自由市场的机制，实现良好的资源配置，同时也建议人们不要去干涉自由市场，哪怕是出于好心。其中译本由机械工业出版社于 2013 年出版。作者是米尔顿·弗里德曼和罗丝·弗里德曼。

《正义论》（修订版）：这本书提出了一种设计理想社会的流程，并就应用这种流程给出了一种关于理想社会的设计。在政治哲学和伦理学这两个领域中，该书已经成了一本不容错过的当代经典。其中译本由中国社会科学出版社于 2009 年出版。作者是约翰·罗尔斯。

本书第五部分是关于逻辑、概率与知识的思想实验，就这一部分，我想要推荐以下这些书：

《做哲学》：这是一本以思想实验和哲学问题为主线的哲学入门教材。通过该书，你可以了解如何应用各式思想实验来检验一个哲学理论是不是足够好。其中译本由北京联合出版公司于 2018 年出版，作者是小西奥多·希克和刘易斯·沃恩。

《逻辑学导论》（第三版）：逻辑学是一门研究推理的学问。要想分析并评价别人的推理，以及给出你自己好的推理，你需要掌握逻辑学这门技艺。该书中译本由科学出版社于 2021 年出版。作者是哈里·J. 根斯勒。

《知识》：知识论是研究知识的哲学分支领域。了解一些知识论的研究成果，可以帮助我们回答这些问题：什么是知识？有没有不同类型的知识？如何才算获取了知识？这是一本介绍当代知识论的小册子，它属于牛津大学出版社的"牛津通识读本"系列，该系列的书都很值得阅读。该书中译本由译林出版社于 2022 年出版。作者是詹妮弗·内格尔。

本书第六部分是关于科学与世界的思想实验，就这一部分，我想要推荐以下这些书：

《世界观》（原书第 3 版）：这是一本结合了科学史和科学哲学的入门级教材。通过该书，我们能了解人们的世界观是如何影响人们对世界的观察的。其中译本由机械工业出版社于 2020 年出版。作者是理查德·德威特。

《科学革命的结构》新译精装版：该书是 20 世纪最具影响力的图书之一，它可以帮助人们更好地理解科学到底是什么。无论你是否认同作者的结论，你都应该知晓作者得出他的结论的过程。其中译本由北京大学出版社于 2022 年出版。作者是托马斯·库恩。

《信念之网》：这是一本针对入门级读者的很薄的小册子，它阐释了整体主义的隐喻，即"信念之网"，也探讨了如何改进这张信念之网。该书中译本收录于《蒯因著作集》(第 5 卷) 中，由中国人民大学出版社于 2007 年出版。

本书第七部分是关于人类的心智与行为的思想实验，就这一部分，我想要推荐以下这些书：

《逻辑的引擎》：这本书介绍了计算机是如何诞生的，但它并不侧重于计算机的硬件，而侧重于探讨"通用计算机"这一思想是如何诞生的。从莱布尼茨到图灵，正是许多数学家、逻辑学家、哲学家为这一思想添砖加瓦，才有了计算机的诞生。该书中译本由湖南科学技术出版社于 2018 年出版。作者是马丁·戴维斯。

《人工智能》(第 4 版)：研究人工智能不仅能使人类的生活更加便利，还有助于我们了解人类的智能是怎么一回事。这是一本面面俱到的人工智能领域的教材。该书中译本由人民邮电出版社于 2022 年出版。作者是斯图尔特·罗素和彼得·诺维格。

《机器人叛乱》：这本书将人类看作机器人和奴隶，将基因和模因看作奴隶主。在这悲观的图景下，作者试图告诉我们，理性思考能力可以让我们"翻身做主"，寻获人生的意义。该书中译本由机械工业出版社于 2015 年出版。作者是基思·斯坦诺维奇。

《津巴多普通心理学》(第 8 版)：这是一本心理学导论教材，我们可以通过这本书鸟瞰心理学这门学问，探索心理学家如何研究人类行为的规律，又得出了哪些宝贵的研究成果。该书中译本由人民邮电出版社于 2022 年出版。作者是菲利普·津巴多、罗伯特·约翰逊和薇薇安·麦卡恩。

除了这 20 多本好书，你还可以在 Stanford Encyclopedia of Philosophy、Internet Encyclopedia of Philosophy 等网络百科全书中，找到许多有趣的思想实验。

[后 记]
POSTSCRIRT

思想实验是一种有趣又有用的思维工具，它不仅能帮助我们认识自己，探索自己的概念框架，还能帮助我们认识世界，寻找更好的概念框架。

我在前言中提到，思想实验的核心句式是"如果这样，那么会怎样"。

撰写本书，本身也是我的一个思想实验："如果我写一本关于思想实验的书，那么会怎样？"

读者会喜欢这本书吗？书中一些过于生僻的专业术语，会不会降低读者的阅读体验？我是否能用足够通俗易懂的语言阐释一些复杂甚至反常识的理论？我应该挑选哪些思想实验写进书中，又要忍痛放弃哪些思想实验？与市面上已有的介绍思想实验的书相比，这本书能给读者带来什么不一样的收获？

除了上述问题，我更关心的是，读者们读完本书后，能否学会分析、评价和设计思想实验？读者能否摆脱我这个作者的偏见，拥有独立的思想？读者们能否探究自己脑中的概念框架，并试图搜寻更好的概念框架？

对于这些问题，如果你们能给出肯定的答复，那我相信，这本关于思想实验的书就算是一部成功的作品了。

关于本书的诞生，我要感谢阳志平老师，他在几年前就建议我写一本关于思想实验的书。我要感谢我的老朋友刘恬媛，她为本书绘制了许多可爱又精彩的插图。我要感谢 ID 为"春颜秋色"的设计师，本书插图中的字体就是由其设计并免费授权给我们使用的。

我要感谢"认真想的批判性思维社群"的成员们，在本书的草稿阶段，我从他们那里获得了一些有益的反馈。

我还要感谢刘雨溪和机械工业出版社的编辑们，在他们的努力下，本书变得更好了。

最后，我要感谢你。后记中的文字一般只有极富耐心的读者才会阅读。能有你这样耐心的读者，属实是作者的幸运。

在从事批判性思维教育的过程中，我发现，要想让读者或学生真正掌握某些知识和技能，光让大家被动地读书或听课，是完全不够的。人们只有在自己主动思考、写作、解题时，才能真正完成对知识的消化，最终将别人的思想转变为自己的能力。

我期待看到你对这些思想实验的思考过程和结果。如果你发现了本书中的某些疏漏，我也很期待你联系我。

这是我的邮箱：Andy.Lee.9531@gmail.com。

逻辑思维

《学会提问（原书第12版）》

作者：[美] 尼尔·布朗 斯图尔特·基利 译者：许蔚翰 吴礼敬

批判性思维入门经典，授人以渔的智慧之书，豆瓣万人评价8.3高分。独立思考的起点，拒绝沦为思想的木偶，拒绝盲从随大流，防骗防杠防偏见。新版随书赠手绘思维导图、70页读书笔记PPT

《批判性思维（原书第12版）》

作者：[美] 布鲁克·诺埃尔·摩尔 理查德·帕克 译者：朱素梅

10天改变你的思考方式！备受优秀大学生欢迎的思维训练教科书，连续12次再版。教你如何正确思考与决策，避开"21种思维谬误"。语言通俗、生动，批判性思维领域经典之作

《批判性思维工具（原书第3版）》

作者：[美] 理查德·保罗 琳达·埃尔德 译者：侯玉波 姜佟琳 等

风靡美国50年的思维方法，批判性思维权威大师之作。耶鲁、牛津、斯坦福等世界名校最重视的人才培养目标，华为、小米、腾讯等创新型企业看重的能力——批判性思维！有内涵的思维训练书，美国超过300所高校采用！学校教育不会教你的批判性思维方法，打开心智，提早具备未来创新人才的核心竞争力

《说服的艺术》

作者：[美] 杰伊·海因里希斯 译者：闫佳

不论是辩论、演讲、写作、推销、谈判、与他人分享观点，还是更好地从一些似是而非的论点中分辨出真相，你需要学会说服的技能！作家杰伊·海因里希斯认为：很多时候，你和对方在口舌上争执不休，只是为了赢过对方，证明"你对，他错"。但这不叫说服，叫"吵架"。真正的说服，是关乎让人同意的能力以及如何让人心甘情愿地按你的意愿行事

《逻辑思维简易入门（原书第2版）》

作者：[美] 加里·西伊 苏珊娜·努切泰利 译者：廖备水 等

逻辑思维是处理日常生活中难题的能力！简明有趣的逻辑思维入门读物，分析生活中常见的非形式谬误，掌握它，不仅思维更理性，决策更优质，还能识破他人的谎言和诡计

更多>>>　　《有毒的逻辑：为何有说服力的话反而不可信》 作者：[美] 罗伯特 J.古拉 译者：邹东
　　　　　《学会提问（原书第12版·中英文对照学习版）》 作者：[美] 尼尔·布朗 斯图尔特·基利
　　　　　　　　　　　　　　　　　　　　　　　　　　　　　　译者：许蔚翰 吴礼敬

理 性 决 策

《超越智商：为什么聪明人也会做蠢事》

作者：[加] 基思·斯坦诺维奇 译者：张斌

如果说《思考，快与慢》让你发现自己思维的非理性，那么《超越智商》将告诉你提升理性的方法

诺贝尔奖获得者、《思考，快与慢》作者丹尼尔·卡尼曼强烈推荐

《理商：如何评估理性思维》

作者：[加] 基思·斯坦诺维奇 等 译者：肖玮 等

《超越智商》作者基思·斯坦诺维奇新作，诺贝尔奖得主丹尼尔·卡尼曼力荐！

介绍了一种有开创意义的理性评估工具——理性思维综合评估测验。

颠覆传统智商观念，引领人类迈入理性时代

《机器人叛乱：在达尔文时代找到意义》

作者：[加] 基思·斯坦诺维奇 译者：吴宝沛

你是载体，是机器人，是不朽的基因和肮脏的模因复制自身的工具。

如果《自私的基因》击碎了你的心和尊严，《机器人叛乱》将帮你找回自身存在的价值和意义。

美国心理学会终身成就奖获得者基思·斯坦诺维奇经典作品。用认知科学和决策科学铸成一把理性思维之剑，引领全人类，开启一场反抗基因和模因的叛乱

《诠释人性：如何用自然科学理解生命、爱与关系》

作者：[英] 卡米拉·庞 译者：姜帆

荣获第33届英国皇家学会科学图书大奖；一本脑洞大开的生活指南；带你用自然科学理解自身的决策和行为、关系和冲突等难题

《进击的心智：优化思维和明智行动的心理学新知》

作者：魏知超 王晓微

如何在信息不完备时做出高明的决策？如何用游戏思维激发学习动力？如何通过科学睡眠等手段提升学习能力？升级大脑程序，获得心理学新知，阳志平、陈海贤、陈章鱼、吴宝沛、周欣悦、高地清风诚挚推荐

更多>>> 《决策的艺术》 作者：[美] 约翰·S.哈蒙德 等 译者：王正林